▶▶ 观看二维码教学视频的操作方法

　　本套丛书提供书中实例操作的二维码教学视频，读者可以使用手机微信中的"扫一扫"功能，扫描本书前言中的"扫一扫，看视频"二维码图标，即可打开本书对应的同步教学视频界面。

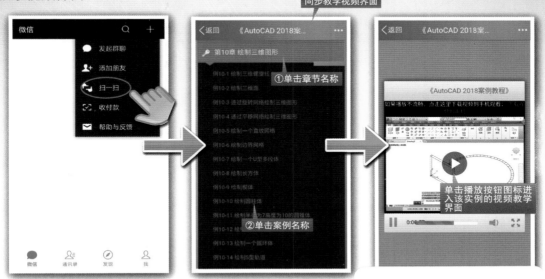

同步教学视频界面

①单击章节名称

②单击案例名称

单击播放按钮图标进入该实例的视频教学界面

U0232039

▶▶ 推送配套资源到邮箱的操作方法

　　本套丛书提供扫码推送配套资源到邮箱的功能，读者可以使用手机微信中的"扫一扫"功能，扫描本书前言中的"扫码推送配套资源到邮箱"二维码图标，即可快速下载图书配套的相关资源文件。

此处显示本书配套的资源文件

单击该链接

输入邮箱后单击"发送"按钮即可推送资源文件至邮箱

[配套资源使用说明]

▶▶ 电脑端资源使用方法

本套丛书配套的素材文件、电子课件、扩展教学视频以及云视频教学平台等资源，可通过在电脑端的浏览器中下载后使用。读者可以登录本丛书的信息支持网站（http://www.tupwk.com.cn/teaching）下载图书对应的相关资源。

读者下载配套资源压缩包后，可在电脑中对该文件解压缩，然后双击名为 Play 的可执行文件进行播放。

▶▶ 扩展教学视频&素材文件

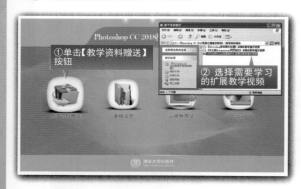

▶▶ 云视频教学平台

▶ 360安全卫士

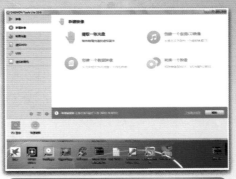

▶ DAEMON Tools Lite

▶ Wise Disk Cleaner X

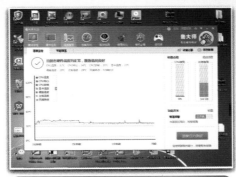

▶ 鲁大师

▶ 刷机精灵

▶ Windows优化大师

▶ Adobe Captivate

▶ CCleaner

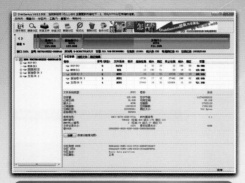

▶ DiskGenius

▶ Wise Registry Cleaner X

▶ Process Lasso

▶ 格式工厂

▶ 有道词典

▶ 爱剪辑

▶ 百度网盘

▶ GoldWave

计算机应用案例教程系列

计算机常用工具软件案例教程

（第2版）

索向峰　李晓东◎编著

清华大学出版社

北京

内 容 简 介

本书以通俗易懂的语言、翔实生动的案例全面介绍计算机常用工具软件的使用方法和技巧。全书共分 12 章，内容涵盖了工具软件入门常识，系统和磁盘管理软件，硬件检测和驱动管理软件，文件管理软件，学习和办公软件，图像处理软件，影音多媒体管理软件，网络应用及通信软件，虚拟设备软件，优化系统软件，系统安全防范软件，手机管理应用软件等。

书中同步的案例操作二维码教学视频可供读者随时扫码学习。本书还提供配套的素材文件、与内容相关的扩展教学视频以及云视频教学平台等资源的电脑端下载地址，方便读者扩展学习。本书具有很强的实用性和可操作性，是一本适合于高等院校及各类社会培训学校的优秀教材，也是广大初、中级计算机用户的首选参考书。

本书对应的电子课件及其他配套资源可以到 http://www.tupwk.com.cn/teaching 网站下载，也可以扫描前言中的二维码推送配套资源到邮箱。

图书在版编目(CIP)数据

计算机常用工具软件案例教程 / 索向峰，李晓东 编著.—2 版.—北京：清华大学出版社，2020.4

计算机应用案例教程系列

ISBN 978-7-302-55159-1

Ⅰ．①计… Ⅱ．①索… ②李… Ⅲ．①软件工具－教材 Ⅳ．①TP311.56

中国版本图书馆 CIP 数据核字(2020)第 047385 号

责任编辑：胡辰浩
封面设计：孔祥峰
版式设计：妙思品位
责任校对：成凤进
责任印制：丛怀宇
出版发行：清华大学出版社
　　　　　网　　　址：http://www.tup.com.cn，http://www.wqbook.com
　　　　　地　　　址：北京清华大学学研大厦 A 座　　　　邮　　编：100084
　　　　　社 总 机：010-62770175　　　　　　　　　　邮　　购：010-62786544
　　　　　投稿与读者服务：010-62776969，c-service@tup.tsinghua.edu.cn
　　　　　质 量 反 馈：010-62772015，zhiliang@tup.tsinghua.edu.cn
印 装 者：三河市龙大印装有限公司
经　　销：全国新华书店
开　　本：185mm×260mm　　　印　张：18.75　　插　页：2　　字　数：480 千字
版　　次：2016 年 8 月第 1 版　　2020 年 5 月第 2 版　　印　次：2020 年 5 月第 1 次印刷
印　　数：1～3000
定　　价：68.00 元

产品编号：076403-01

前言

熟练使用计算机已经成为当今社会不同年龄层次的人群必须掌握的一门技能。为了使读者在短时间内轻松掌握计算机各方面应用的基本知识，并快速解决生活和工作中遇到的各种问题，清华大学出版社组织了一批教学精英和业内专家特别为计算机学习用户量身定制了这套"计算机应用案例教程系列"丛书。

丛书、二维码教学视频和配套资源

➤ 选题新颖，结构合理，内容精炼实用，为计算机教学量身打造

本套丛书注重理论知识与实践操作的紧密结合，同时贯彻"理论+实例+实战"3阶段教学模式，在内容选择、结构安排上更加符合读者的认知习惯，从而达到老师易教、学生易学的目的。丛书采用双栏紧排的格式，合理安排图与文字的占用空间，在有限的篇幅内为读者提供更多的计算机知识和实战案例。丛书完全以高等院校及各类社会培训学校的教学需要为出发点，紧密结合学科的教学特点，由浅入深地安排章节内容，循序渐进地完成各种复杂知识的讲解，使学生能够一学就会、即学即用。

➤ 教学视频，一扫就看，配套资源丰富，全方位扩展知识能力

本套丛书提供书中案例操作的二维码教学视频，读者使用手机微信、QQ以及浏览器中的"扫一扫"功能，扫描下方的二维码，即可观看本书对应的同步教学视频。此外，本书配套的素材文件、与本书内容相关的扩展教学视频以及云视频教学平台等资源，可通过在PC端的浏览器中下载后使用。用户也可以扫描下方的二维码推送配套资源到邮箱。

(1) 本书教学课件、配套素材和扩展教学视频文件的下载地址。

http://www.tupwk.com.cn/teaching

(2) 本书同步教学视频的二维码。

扫一扫，看视频

扫码推送配套资源到邮箱

➤ 在线服务，疑难解答，贴心周到，方便老师定制教学课件

本套丛书精心创建的技术交流QQ群(101617400)为读者提供24小时便捷的在线交流服务和免费教学资源。便捷的教材专用通道(QQ：22800898)为老师量身定制实用的教学课件。老师也可以登录本丛书的信息支持网站(http://www.tupwk.com.cn/teaching)下载图书对应的电子课件。

本书内容介绍

　　《计算机常用工具软件案例教程(第2版)》是这套丛书中的一本，该书从读者的学习兴趣和实际需求出发，合理安排知识结构，由浅入深、循序渐进，通过图文并茂的方式讲解计算机常用工具软件的使用方法和技巧。全书共分12章，主要内容如下。

　　第1章：介绍工具软件入门基础相关内容。

　　第2章：介绍使用系统和磁盘管理软件的方法和技巧。

　　第3章：介绍使用硬件检测和驱动管理软件的方法和技巧。

　　第4章：介绍使用文件管理软件的方法和技巧。

　　第5章：介绍使用学习和办公软件的方法和技巧。

　　第6章：介绍使用图像处理软件的方法和技巧。

　　第7章：介绍使用影音多媒体管理软件的方法和技巧。

　　第8章：介绍使用网络应用及通信软件的方法和技巧。

　　第9章：介绍使用虚拟设备软件的方法。

　　第10章：介绍使用优化系统软件的方法和技巧。

　　第11章：介绍使用系统安全防范软件的方法和技巧。

　　第12章：介绍使用手机管理应用软件的方法和技巧。

读者定位和售后服务

　　本套丛书为所有从事计算机教学的老师和自学人员而编写，是一套适合于高等院校及各类社会培训学校的优秀教材，也可作为初、中级计算机用户的首选参考书。

　　如果您在阅读图书或使用计算机的过程中有疑惑或需要帮助，可以登录本丛书的信息支持网站(http://www.tupwk.com.cn/teaching)或通过E-mail(wkservice@vip.163.com)联系，本丛书的作者或技术人员会提供相应的技术支持。

　　该书共12章，黑河学院的索向峰编写了第3、5、6、9、10、11、12章，郑州商学院的李晓东编写了第1、2、4、7、8章。由于作者水平所限，本书难免有不足之处，欢迎广大读者批评指正。我们的邮箱是huchenhao@263.net，电话是010-62796045。

"计算机应用案例教程系列"丛书编委会

2019年12月

目录

第7章　影音多媒体管理软件

第8章　网络应用及通信软件

第1章

工具软件入门常识

　　软件是用户与硬件之间的接口界面，是计算机系统设计的重要依据，用户主要通过软件与计算机进行交流。本章作为全书的开端，将介绍计算机系统工具软件的相关入门常识。

本章对应视频

例 1-1　安装暴风影音软件　　　　　例 1-3　卸载迅雷影音软件

例 1-2　下载并安装迅雷影音软件

1.1 软件基础知识

软件是按照特定顺序组织在一起的一系列计算机数据和指令的集合，而计算机中的软件不仅指运行的程序，也包括各种关联的文档。作为人类创造的诸多知识中的一种，软件同样需要知识产权的保护。根据计算机软件的用途来划分，可以将其分为系统软件和应用软件两大类。

1.1.1 认识系统软件

系统软件的作用是协调各部分硬件的工作，并为各种应用软件提供支持，将计算机当作一个整体，不需要了解计算机底层的硬件工作内容，即可使用这些硬件来实现各种功能。

系统软件主要包括操作系统和一些基本的工具软件，如各种编程语言的编译软件、硬件的检测与维护软件以及其他一些针对操作系统的辅助软件等。

目前，操作系统主要包括微软公司的Windows、苹果公司的Mac OS以及UNIX、Linux等，这些操作系统所适用的用户不尽相同，计算机用户可以根据自己的实际需要选择不同的操作系统，下面将分别对几种操作系统进行简单介绍。

1. Windows 7 操作系统

Windows 7系统是由微软公司开发的一款操作系统。该系统旨在让人们的日常计算机操作变得更加简单和快捷，为人们提供高效易行的工作环境。Windows 7系统和以前的系统相比具有很多优点：更快的速度和性能，更个性化的桌面，更强大的多媒体功能，Windows Touch带来极致触摸操控体验，Home groups和Libraries简化局域网共享，全面革新的用户安全机制，超强的硬件兼容性，革命性的工具栏设计等。

> **知识点滴**
>
> Windows 7操作系统为满足不同用户群体的需要，开发了6个版本，分别是Windows 7 Starter(简易版)、Windows 7 Home Basic(家庭基础版)、Windows 7 Home Premium(家庭高级版)、Windows 7 Professional(专业版)、Windows 7 Enterprise(企业版)、Windows 7 Ultimate(旗舰版)。

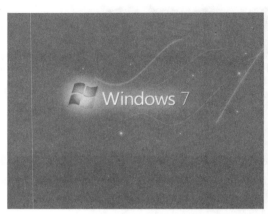

2. Windows 8 操作系统

Windows 8是由微软公司开发的、具有革命性变化的操作系统。Windows 8系统支持来自Intel、AMD和ARM的芯片架构，这意味着Windows系统开始向更多平台迈进，包括平板电脑和PC。Windows 8增加了很多实用功能，主要包括全新的Metro界面、内置Windows应用商品、应用程序的后台常驻、资源管理器采用Ribbon界面、智能复制、IE10浏览器、内置pdf阅读器、分屏多任务处理界面等。

3. Windows 10 操作系统

Windows 10是美国微软公司研发的跨

平台及设备应用的操作系统。Windows 10
共有家庭版、专业版、企业版、教育版、移
动版、移动企业版和物联网核心版七个版
本，分别面向不同的用户和设备。Windows
10 提供了针对触控屏设备优化的功能，同时
还提供了专门的平板电脑模式，开始菜单和
应用程序都将以全屏模式运行。Windows 10
新增的 Windows Hello 功能将带来一系列对
于生物识别技术的支持。除了常见的指纹扫
描之外，系统还能通过面部或虹膜扫描让用
户进行登录。

4. Windows Server 操作系统

　　Windows Server 是微软公司的一款服务
器操作系统，使用 Windows Server 可以使 IT
专业人员对服务器和网络基础结构的控制
能力更强。Windows Server 通过加强操作系
统和保护网络环境提高了系统的安全性，通
过加快 IT 系统的部署与维护，使服务器和
应用程序的合并与虚拟化更加简单，同时为
用户特别是 IT 专业人员提供了直观、灵活
的管理工具。

　　在 Windows Server 2016 系统中，微软
官方发布了许多新的功能和特性，但是在用
户组策略功能上却与以前的系统版本没有
大的变化。尽管微软公司有可能在 Windows
Server 2016 和 Windows 10 中引入一些特殊
的组策略功能，但是整个组策略架构仍没有
改变。

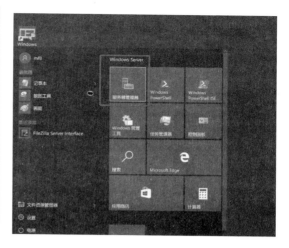

5. Mac OS 操作系统

　　Mac OS 是一套运行于苹果 Macintosh
系列计算机上的操作系统。Mac OS 是首个
在商用领域获得成功的图形用户界面操作
系统。现在主流的系统版本是 OS X 10.14，
并且网上也有在 PC 上运行的 Mac 系统，简
称 Mac PC。

　　Mac OS 系统具有以下 4 个特点。

　　➤ 全屏模式：全屏模式是 Mac OS 操作
系统中最为重要的功能。所有的应用程序均
可以在全屏模式下运行。这并不意味着窗口
模式将消失，而是表明在未来有可能实现完
全的网格计算。iLife 11 的用户界面也表明
了这一点。这种用户界面将极大简化计算机
的使用，减少多个窗口带来的困扰。它将使
用户获得与 iPhone、iPod touch 和 iPad 用户
相同的体验。

▶ 任务控制：任务控制整合了 Dock 和控制面板，并能够以窗口和全屏模式查看各种应用。

▶ 快速启动面板：Mac OS 系统的快速启动面板的工作方式与 iPad 完全相同。它以类似于 iPad 的用户界面显示计算机中安装的一切应用，并通过 App Store 进行管理。用户可滑动鼠标，在多个应用图标界面间切换。

▶ Mac App Store 应用商店：Mac App Store 的工作方式与 iOS 系统的 App Store 完全相同，它们具有相同的导航栏和管理方式。当用户从该商店购买一个应用后，Mac 计算机会自动将它安装到快速启动面板中。

6. Linux 操作系统

Linux 是一套免费使用和自由传播的类 UNIX 操作系统，能运行主要的 UNIX 工具软件、应用程序和网络协议，是一个基于 POSIX 和 UNIX 的多用户、多任务、支持多线程和多 CPU 的操作系统。Linux 支持 32 位和 64 位硬件，继承了 UNIX 以网络为核心的设计思想，是一个性能稳定的多用户网络操作系统。

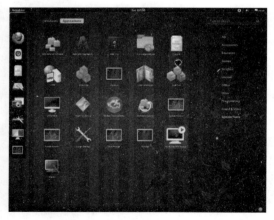

Linux 操作系统诞生于 1991 年 10 月 5 日(这是第一次正式向外公布时间)。Linux 存在着许多不同的 Linux 版本，但都使用了 Linux 内核。Linux 可安装在各种计算机硬件设备中，比如手机、平板电脑、路由器、视频游戏控制台、台式计算机和超级计算机等。

1.1.2 认识程序设计语言

程序设计语言是用于书写计算机程序的语言。语言的基础是一组记号和一组规则。根据规则由记号构成的记号串的总体就是语言。在程序设计语言中，这些记号串就是程序。程序设计语言有 3 个方面的因素，即语法、语义和语用。语法表示程序的结构或形式，亦即表示构成语言的各个记号之间的组合规律，但不涉及这些记号的特定含义，也不涉及使用者。语义表示程序的含义，亦即表示按照各种方法所表示的各个记号的特定含义，但不涉及使用者。

程序设计语言的发展经历了 5 代，机器语言、汇编语言、高级语言、非过程化语言和智能化语言，其具体情况如下所示。

▶ 机器语言：机器语言是用二进制代码指令表达的计算机语言，其指令是用 0 和 1 组成的一串代码，它们有一定的位数，并分成若干段，各段的编码表示不同的含义，例如，某台计算机字长为 16 位，即由 16 个二进制位组成一条指令或其他信息。16 个 0 和 1 可组成各种排列组合，通过线路变成电信号，让计算机执行各种不同的操作。

▶ 汇编语言：它是机器指令的符号化，与机器指令存在着直接的对应关系，所以汇编语言同样存在着难学难用、容易出错、维护困难等缺点。但是汇编语言也有自己的优点：可直接访问系统接口，汇编程序翻译成的机器语言程序的效率高。从软件工程角度来看，只有在高级语言不能满足设计要求，或不具备支持某种特定功能的技术性能(如特殊的输入输出)时，汇编语言才被使用。

▶ 高级语言：它是面向用户的、基本上独立于计算机种类和结构的语言。其最大的优点是：形式上接近于算术语言和自然语言，概念上接近于人们通常使用的概念。高级语言的一个命令可以代替几条、几十条甚至几百条汇编语言的指令。因此，高级语言易学易用，通用性强，应用广泛。高级语言种类繁多，可以从应用特点和对系统客观的描述两个方面对其进一步分类。

➤ 非过程化语言：第四代语言(4GL)是非过程化语言，编码时只需说明"做什么"，不需要描述算法细节。数据库查询和应用程序生成器是 4GL 的两个典型应用。用户可以用数据库查询语言(SQL)对数据库中的信息进行复杂的操作。用户只需将要查找的内容在什么地方、根据条件进行查找等信息告诉SQL，SQL 将自动完成查找过程。4GL 大多是指基于某种语言环境上具有 4GL 特征的软件工具产品，如 System Z、PowerBuilder、FOCUS 等。第四代程序设计语言是面向应用、为最终用户设计的一类程序设计语言。它具有缩短应用开发过程、降低维护代价、最大限度地减少调试过程中出现的问题等优点。

➤ 智能化语言：主要是为人工智能领域设计的，如知识库系统、专家系统、推理工程、自然语言处理等。

1.1.3 认识编译程序

计算机只能直接识别和执行机器语言，因此要在计算机上运行高级语言程序就必须配置程序语言翻译程序，即编译程序。

编译软件把一个源程序翻译成目标程序的工作过程分为 5 个阶段：词法分析、语法分析、语义检查和中间代码生成、代码优化、目标代码生成。编译主要是进行词法分析和语法分析，又称为源程序分析。在分析过程中，若发现有语法错误，则会给出提示信息。

1.1.4 认识数据库管理程序

数据库是以一定的组织方式存储起来的、具有相关性的数据的集合。数据库管理系统是在具体计算机上实现数据库技术的系统软件，由它来实现用户对数据库的建立、管理、维护和使用等功能。目前流行的数据库管理系统软件有 Access、Oracle、SQL Server、DB2 等。

1.1.5 认识应用程序

所谓应用程序，是指除了系统软件以外的所有软件，它是用户利用计算机及其提供的系统软件为解决各种实际问题而编制的计算机程序。由于计算机已渗透到了各个领域，因此，应用软件是多种多样的。

目前，常见的应用软件有用于科学计算的程序包、文字处理软件、信息管理软件、计算机辅助设计教学软件、实时控制软件和图像处理软件等。

应用软件是指为了完成某些工作而开发的一组程序，它能够为用户解决各种实际问题。下面列举几种应用软件。

1. 用户程序

用户程序是用户为了解决特定的具体问题而开发的软件。编写用户程序时应充分利用计算机系统的各种现有软件，在系统软件和应用软件包的支持下可以更方便、有效地研制用户专用程序，例如火车站或汽车站的票务管理系统、人事管理部门的人事管理系统、财务部门的财务管理系统等。

2. 办公类软件

办公类软件主要指用于文字处理、电子表格制作、幻灯片制作等的软件，在这类软件中，最常用的办公软件套装有金山 WPS 和 Microsoft 公司的 Office 系列软件。

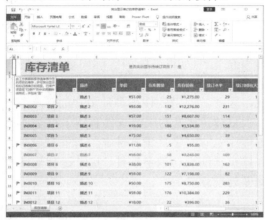

3. 图像处理软件

图像处理软件主要用于编辑或处理图形图像文件，应用于平面设计、三维设计、影视制作等领域，如 Photoshop、CorelDRAW、会声会影、美图秀秀等。

4. 媒体播放器

媒体播放器是指计算机中用于播放多媒体的软件，包括网页、音乐、视频和图片等播放器软件，如 Windows Media Player、迅雷看看、暴风影音、Flash 播放器等。

5. 安全软件

安全软件是指辅助用户管理计算机安全的软件，广义的安全软件用途十分广泛，主要包括防止病毒传播、防护网络攻击、屏蔽网页木马和危害性脚本，以及清理流氓软件等。

常用的安全软件很多，如防止病毒传播的卡巴斯基个人安全套装、防止网络攻击的天网防火墙，以及清理流氓软件的恶意软件清理助手等。多数安全软件的功能并非唯一的，既可以防止病毒传播，也可以防护网络攻击，如"360 安全卫士"既可以防止一些有害插件、木马，还可以清理计算机中的一些垃圾等。

6. 桌面工具

桌面工具主要是指一些应用于桌面的小型软件，可以帮助用户实现一些简单而琐碎的功能，提高用户使用计算机的效率或为用户带来一些简单而有趣的体验。例如，帮助用户定时清理桌面、进行四则运算、即时翻译单词和语句、提供日历和日程提醒、改变操作系统的界面外观等。

在各种桌面工具中，最著名且常用的就是微软在 Windows 中提供的各种附件了，包括计算器、画图、记事本、放大镜等。除此之外，Windows 7 还提供了一些桌面小工具。

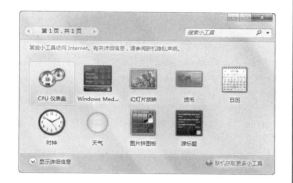

7. 行业软件

行业软件是指针对特定行业，具有明显行业特点的软件。随着办公自动化的普及，越来越多的行业软件被应用到生产活动中。

常用的行业软件包含各种股票分析软件、列车时刻查询软件、科学计算软件、辅助设计软件等。

行业软件的产生和发展，极大地提高了各种生产活动的效率。尤其计算机辅助设计软件的出现，使工业设计人员从大量繁复的绘图中解脱出来。最著名的计算机辅助设计软件是 AutoCAD。

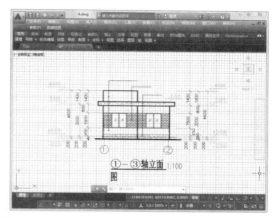

1.2 工具软件概述

工具软件用来辅助人们的学习、工作、生活娱乐等。使用工具软件能提高工作、生产、学习等效率。

1.2.1 工具软件简介

工具软件是指除操作系统、大型商业应用软件之外的一些软件。大多数工具软件是共享软件、免费软件、自由软件或者软件厂商开发的小型商业软件。其代码的编写量较小，功能相对单一，但却是用户解决一些特定问题的有力工具。使用比较频繁的工具软件包括 Office 系列、WinRAR 压缩软件、酷狗音乐播放器等。

工具软件有着广阔的发展空间，是计算机技术中不可缺少的组成部分。许多看似复杂烦琐的事情，只要找对了相应的工具软件都可以轻易地解决，如查看 CPU 信息、整理内存、优化系统、播放在线视频文件、在

线英文翻译等。

1.2.2 工具软件分类

下面通过一些简单的分类来了解工具软件所包含的内容。

1. 硬件检测软件

硬件检测软件可以快速检测和识别计算机的所有硬件信息，例如 CPU-Z 软件便是一款专门用于检测 CPU 硬件的软件。对个别硬件，硬件检测软件还可以对其进行维护、维修等处理。

2. 系统维护软件

系统维护软件主要对计算机操作系统进行必要的垃圾清理、开机优化、运行优化、维护、备份等操作。例如，Windows 优化大师软件不仅可以清除系统中的垃圾文件，还可以对系统进行优化、检测和维护。

3. 文本编辑与语言软件

文本编辑和语言软件是两方面的内容。其中，文本编辑软件除了包含商用的Office 应用工具之外，还包含一些其他的编辑工具，如代码、软件项目工程方面的编辑等。

语言软件主要是针对老年群体的在线阅读工具，以方便视力不好的人士利用语言软件来听取文本性内容。

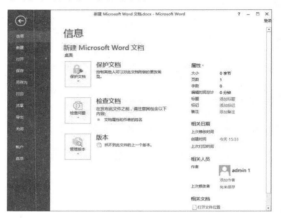

4. 文件管理软件

文件管理是针对计算机中一些文件及文件夹的管理。除了操作系统对文件以及文件夹的基本管理之外，用户还可以通过一些工具软件进行必要的安全性管理，如压缩软件 WinRAR、加密软件等。

5. 个性桌面软件

个性桌面打破了死气沉沉、呆板的系统自带桌面，用户可以使用自己喜欢的明星照片、个性图片作为桌面背景。

6. 多媒体编辑软件

在当今娱乐与生活相结合的年代，多媒体在生活中是必不可少的。例如，通过网络看电影、电视剧等视频文件，听歌曲、唱片、广播等一些音频文件。另外，多媒体还包含对视频和音频文件的编辑、采集等。

7. 图像处理软件

说到图像处理，人们可能会快速地想起 Photoshop 商业软件，它在图像处理领域占据着非常重要的地位。

但除此之外，还有其他的图像处理小工具软件，如查看工具软件、编辑工具软件，以及将图像制成 TV、制作成相册的工具软件等。

8. 虚拟设备软件

为了方便地管理计算机中大容量的数据，可将其压缩为一些光盘格式的文件。这样，既保护了数据，也节省了磁盘空间。但是，在读取这些数据时，需要通过一些虚拟光驱设备，才能进行播放及浏览。

除此之外，在虚拟设备中还包含用于操作系统转换的虚拟机软件。通过虚拟机可以安装一些不同或者相同的系统和软件，以方便用户学习。

9. 动画与三维动画软件

不管是生活娱乐、影视媒体，还是网页设计中，都可以看到动画的身影。可见，动画已经成为诸多领域不可缺少的一部分，它更多以强烈、直观、形象的方式表达，深受用户喜爱。制作动画和三维动画的软件非常多，除了一些大型的商业软件外，还包含一些工具软件。

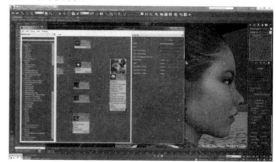

10. 磁盘管理软件

磁盘管理软件已经不是陌生的内容了，它已为计算机服务了很多年，并且，为用户数据提供了很多帮助，甚至挽回了部分的经济损失，如恢复磁盘数据软件。

11. 光盘刻录软件

为了便于数据的保存与携带，用户更多地将数据复制到 U 盘中。但是，在没有 U 盘之前，更多的用户将数据刻录到光盘上，所以这就必须要使用光盘刻录软件。

12. 网络应用软件

网络已经成为人们生活中的一部分，而在这浩瀚汪洋的网络中，如果快速前进，没有辅助的工具软件是难以驾驭的，因此，在网络应用软件中，本书将介绍一些简单的网络应用工具，如网页浏览软件、网络传输软件、网络共享软件等。

13. 网络通信软件

在网络资源共享、信息通信中，工具软件都是必不可少的。因此用户可以借助一些可视化、操作灵活的工具软件进行通信，如电子邮件软件、即时通信软件、网络电话与传真等。现在最流行、使用最广泛的就是聊天软件了，如 QQ、微信、阿里旺旺等。

14. 计算机安全软件

在网络中翱翔时间长了，难免会遇到一些木马、病毒类的东西，使用户非常担心。因此，本书较多介绍了安全软件方面的内容和安全卫士、杀毒软件之类的应用。

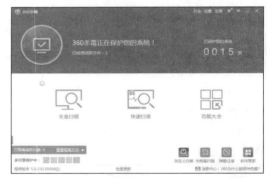

15. 手机管理软件

现在，手机用户已经超过了个人计算机的数量，并且随着手机不断发展、智能手机的不断普及，手机的应用软件也变得非常广泛，并且与计算机之间的连接维护、升级也在不断地变化。

16. 电子书与 RSS 阅读软件

电子书方便用户阅读，并且降低了消费成本。而通过电子书和 RSS 订阅，可以非常方便地获取最新的信息。

17. 汉化与翻译软件

在生活、工作中，人们可能会阅读一些外文资料，不太专业的人士阅读起来非常吃力。这时，就需要借助一些汉化或者翻译方面的工具软件，它就类似于翻译词典，将一些内容直译成汉语。

18. 学生教育软件

在网络中，可以非常方便地搜索出一些

关于辅助学生教育方面的软件，如英语家教、同步练习等。有些软件，用户可以直接安装到计算机中使用，便于学习。在学习过程中，软件可以与服务器同步更新，便于及时了解最新知识。

19. 行业软件

说起"行业软件"，显而易见，这些软件针对性比较强，并且对某些行业非常有帮助，例如，一些会计软件、律师软件，时刻给用户提供一些专业方面的知识，以及一些典型的案例等。

1.3　获取、安装和卸载软件

用户在使用工具软件之前，需要先获取工具软件源程序，并将其安装到计算机中。这样用户才能使用这些软件，并对其进行必要的管理及应用。而对于不需要的软件，用户还可以进行卸载，还原计算机磁盘空间及减小计算机运行负载。

1.3.1　获取软件

获取软件的渠道主要有 3 种，如通过实体商店购买软件的安装光盘、通过软件开发商的官方网站下载以及在第三方的软件网站下载等。

1. 从实体商店购买

很多商业性的软件都是通过全国各地的软件零售商销售的。在这些软件零售商的商店中，用户可购买各类软件的零售光盘或授权许可序列号。

2. 从软件开发商的网站下载

一些软件开发商为了推广其所销售的软件，会将软件的测试版或正式版放到互联网中，供用户随时下载。

对于测试版软件，网上下载的版本通常会限制一些功能，等用户注册之后才可以完整地使用所有的功能。而对于一些开源或免费的软件，用户可以直接下载并使用所有的功能。

3. 在第三方的软件网站下载

除了购买光盘和官方网站下载软件外，用户还可以通过其他的渠道获取软件。在互联网中，存在很多第三方的软件网站，可以提供各种免费软件或共享软件的下载。

1.3.2 安装软件

1. 安装软件前的准备

安装软件前，首先要了解硬件能否支持该软件，然后进行获取软件安装文件和安装序列号等准备，只有做好了准备工作，才能有针对性地安装用户所需的软件。

▶ 首先用户需要检查自己当前计算机的配置，是否能够运行该软件。除了硬件配置，操作系统的版本兼容性也要考虑。

▶ 然后用户可以通过前面提过的 3 种获取方式获取软件安装程序。

▶ 正版软件一般都有安装的序列号，也叫注册码。安装软件时必须要输入正确的序列号，才能够正确安装。序列号可通过以下途径找到：如果用户是购买安装光盘的，应用软件的安装序列号一般印刷在光盘的包装盒上；如果用户是从网上下载软件的，一般是通过网络注册或手机注册的方式来获得安装序列号。

2. 安装软件程序

经过准备之后，用户可以安装软件了，用户可以在安装程序目录下找到安装可执行文件 Setup.exe 或 Install.exe，双击运行该文件，然后按照打开的安装向导窗口中的提示进行操作。

【例 1-1】安装暴风影音软件。🔴视频

step ① 双击暴风影音的安装文件，启动安装程序向导，单击【自定义选项】下拉按钮。

step 2 展开自定义选项，单击【选择目录】按钮。

step 3 打开【浏览文件夹】对话框，选择要安装的硬盘目录位置，单击【确定】按钮。

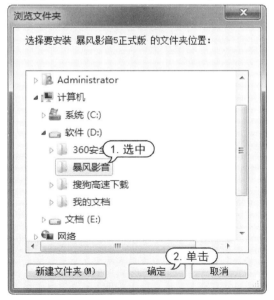

step 4 返回安装界面，单击【开始安装】按钮。

step 5 开始进行安装，安装完成后，单击【立即体验】按钮。

step 6 此时即可打开暴风影音的软件界面。

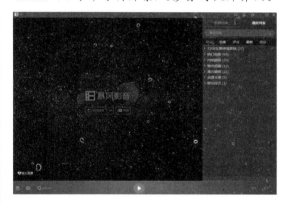

1.3.3　卸载软件

　　如果用户不想再使用某个软件了，可以将其卸载。卸载软件可采用三种方法，第一种是通过软件自身提供的卸载功能；第二种是通过【程序和功能】窗口来完成；第三种是使用工具软件进行卸载。

1. 使用软件自带的卸载功能

大部分软件都提供了内置的卸载功能，一般都是以 uninstall.exe 为文件名的可执行文件。例如用户需要卸载【暴风影音 5】软件，可以单击【开始】按钮，选择【所有程序】|【暴风软件】|【暴风影音 5】|【卸载暴风影音 5】命令。

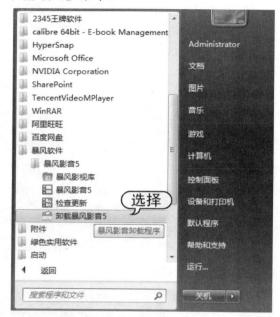

此时系统会弹出对话框，选中有关卸载的单选按钮，单击【继续】按钮即可开始卸载软件，按照卸载界面的提示一步步操作，迅雷软件将会从当前计算机里被删除。

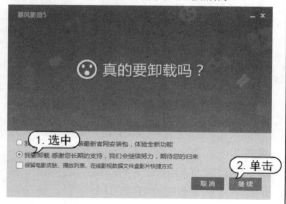

2. 使用 Window 中的添加或卸载程序

Windows 系统自带了添加和卸载程序，以帮助用户卸载不需要的程序软件。

在【开始】菜单中，选择【控制面板】命令，在打开的【控制面板】窗口中单击【程序】图标。

在打开的【程序和功能】窗口中，右击需要删除的程序，在打开的快捷菜单中选择【卸载】命令。

最后，在打开的卸载对话框中，根据提示进行卸载即可。

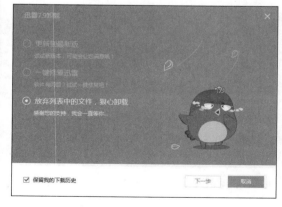

3. 使用工具软件进行卸载

卸载工具软件或者商业软件时，用户也可以利用专门的软件卸载工具或者其他软件所包含的卸载功能来卸载该软件。

例如，在【360 软件管家】软件中，选择【软件卸载】选项卡，单击需要卸载的软件对应的【一键卸载】或者【卸载】按钮，即可卸载软件。

1.4　启动和退出软件

在计算机中安装工具软件后，用户可使用软件进行相关操作，在此之前应先掌握启动与退出工具软件的方法，本节将具体介绍相关的操作方法。

1.4.1　启动软件

如果准备使用工具软件，那么应先启动该工具软件。在 Windows 7 操作系统里，用户可以用多种方式来运行安装好的软件程序。这里以暴风影音为例，介绍工具软件启动的方法。

➢ 从【开始】菜单选择：单击【开始】按钮，打开【开始】菜单，选择【所有程序】选项，然后在程序列表中找到要打开的软件的快捷方式即可，例如选择暴风影音的启动程序。

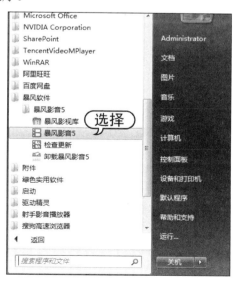

➢ 双击桌面上的快捷方式图标：用鼠标双击在桌面上的暴风影音快捷方式图标，即可打开该程序。

➢ 任务栏启动：如果运行的软件在任务栏中的快速启动栏上有快捷图标，单击该图标即可启动该程序。

➢ 双击安装目录下的可执行文件：找到软件安装好的目录下的可执行文件，例如暴风影音的可执行文件为"Storm Player.exe"，双击该文件即可运行该应用程序。

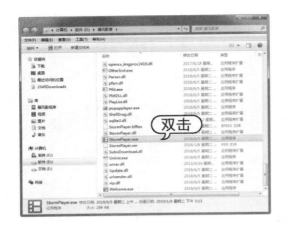

出】命令，即可退出工具软件。

1.4.2　退出软件

不再使用工具软件时，应将其退出，从而节省内存。这里以暴风影音为例，介绍应用程序软件退出的方法。

▶ 使用菜单退出工具软件：启动暴风影音软件后，单击【菜单】按钮，选择【退

▶ 使用【关闭】按钮退出软件：启动暴风影音软件后，在标题栏中单击【关闭】按钮▣，这样也可以退出工具软件。

1.5　软件的知识产权

知识产权是指基于创造性智力成果和工商标记依法生产的权利的统称。作为人类创造的诸多知识的一种，软件同样需要知识产权的保护。随着软件行业的发展，越来越多的软件开发企业和个人认识到知识产权的重要性，开始使用法律武器保护软件的著作权益。

1.5.1　软件许可的分类

在了解软件知识产权之前，首先需要了解软件的许可和许可证。软件由开发企业或个人开发出来以后，就会创造一个授权许可证。许可证的许可范围包括发表权、署名权、修改权、复制权、发行权、出租权、信息网络传播权、翻译权等权利。

根据中华人民共和国《计算机软件保护条例》的规定，软件著作权人可以许可他人行使其软件著作权，并有权获得报酬。软件著作权人可以全部或者部分转让其软件著作权，并有权获得报酬。任何企业或个人只有在取得相应的许可后，才能进行相关的行为。

软件的开发企业或个人有权向任何用户授予全部的软件许可或部分许可。根据授予的许可权利，可以将目前的软件分为以下两

大类。

1. 开源软件

除了封闭源代码的软件外，还有一类软件往往在发布时连带源代码一起发布，这类软件叫作开源软件。开源软件往往会遵循开源软件许可协议，以及开源社区的一些不成文的规则。

常见的开源软件许可协议主要包括GPL、LGPL、BSD、NPL、MPL、APACHE等。遵循这些开源软件的许可协议都有 3 点共同特征，如下所示。

▶ 发布义务：遵循开源软件许可协议的软件开发者有将软件源代码免费公开发布的义务。

▶ 保护代码完整：在发布源代码时，必须保证代码的完整性、可用性。

> ➤ 允许修改：已发布的源代码允许他人修改和引用，以开发出其他产品。

2. 专有软件

专有软件又称非自由软件、专属软件、私有软件等，是指由开发者开发出来之后，保留软件的修改权、发布权、复制权、发行权和出租权等，限制非授权者使用的软件。

专有软件最大的特征就是闭源，即封闭源代码，不提供软件的源代码给用户或其他人。对于专有软件而言，源代码是保密的。专有软件又可以分为商业软件和非商业软件两种。

> ➤ 商业软件：是指由于商业原因而对专有软件进行的限制。包含商业限制的专有软件又被称作商业专有软件。目前大多数在销售的软件都属于商业专有软件，例如，微软Windows、Office、Visual Studio等。商业专有软件限制了用户的所有权利，包括使用权、复制权和发布权等。用户在行驶这些权利之前，必须向软件的所有者支付费用或提供其他的补偿行为。

知识点滴

软件的所有者为防止用户非授权的使用、复制等行为，往往会在软件中设置种种障碍，设置软件陷阱，例如各种激活、软件锁定、破坏用户计算机数据等。这些行为也给商业专有软件带来了一些争议。

> ➤ 非商业软件：除了商业专有软件外，还有一些软件也属于专有软件。这些软件的所有者保留了软件的源代码、开发和使用的权利，但免费授权给用户使用。非商业限制的软件目前也比较多，包括各种共享软件和免费软件等。共享软件主要是授予用户部分使用权的软件。用户可以免费地复制和使用软件，但软件所有者往往在软件上赋予一定的限制，例如锁定一些功能或限制使用时间等。用户需要支付一些费用(往往只包括开发成本)或和软件所有者联系，提供一些信息等才能解除这些限制。

知识点滴

免费软件是另一类非商业专有软件。这一类软件的所有者向用户免费提供使用、复制和分发的权利，用户无须支付任何费用。通常，一些大的软件下载网站都会标识软件的专有限制，供用户查看。用户在下载软件之前，可以查看软件的授权类型，以防止非授权使用造成损失。

1.5.2 保护软件知识产权

近年来，国家对保护知识产权十分重视，在保护知识产权方面做出了卓有成效的努力，自1990年以来，两次修订了《计算机软件保护条例》，并不断加大打击侵犯软件知识产权的违法犯罪活动。

1. 保护软件知识产权的目的

计算机行业和软件开发行业是高新技术产业，无论企业还是个人，在开发软件时都需要投入巨大的人力和物力。因此，保护知识产权对软件行业的健康发展有着重要的意义。

> ➤ 鼓励科学技术创新：保护软件知识产权，可以保护软件开发者以及投资软件开发的企业和个人的利益，鼓励其继续投入人力物力到新的创作活动中。

> ➤ 保护行业健康发展：降低软件开发者的开发成本，促进软件行业的持续、快速、健康发展，有利于提高国内软件行业的竞争力，保护民族产业。

> ➤ 保护消费者的利益：保护软件知识产权，可以使软件开发者将全部的精力投入到软件设计与开发，以及已发布软件产品的维护、更新和升级中，最大限度保障软件用户的使用安全，防止计算机病毒、木马和流氓软件的流行。

2. 依法使用软件

作为广大的计算机软件用户，有责任、有义务从我做起，依法使用软件。在日常工作和生活中，应做到以下几点。

> ➤ 拒绝盗版软件：在使用各种软件工作

以及娱乐时，应使用正版或授权版本，拒绝各种破解版、绿色版、第三方修改版的软件。

▶ 依法使用软件：需依法向软件开发者、软件零售商购买或索取软件。在未获得软件授权时不下载、不使用、不传播。

▶ 发现盗版举报：在发现他人非法销售、使用和复制盗版软件时，有义务举报这些非法行为，维护法律的公平与公正。

> **知识点滴**
>
> 根据《计算机软件保护条例》第十七条规定，"为了学习和研究软件内含的设计思想和原理，通过安装、显示、传输或者存储软件等方式使用软件的，可以不经软件著作权人许可，不向其支付报酬"。

1.6 案例演练

本章的案例演练是下载和安装、卸载软件的操作，用户通过练习从而巩固本章所学知识。

1.6.1 下载并安装迅雷影音

【例1-2】下载并安装迅雷影音软件。 ◉视频

step 1 打开浏览器，输入 "http://video.xunlei.com/pc.html" 网址，按 Enter 键打开下载页面，单击【立即下载】按钮。

step 2 弹出对话框，设置下载路径后，单击【下载】按钮即可下载软件。

step 3 双击下载的安装文件，打开安装对话框，单击 ▇ 按钮。

step 4 打开【浏览文件夹】对话框，设置安装路径，然后单击【确定】按钮。

step 5 返回安装对话框，单击【开始安装】按钮开始安装软件，显示安装进度条。

step 3 单击【程序】图标下的【卸载程序】链接。

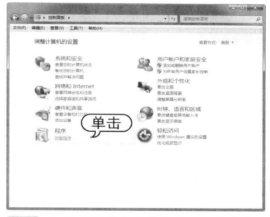

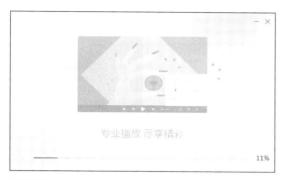

step 6 安装完毕后自动打开迅雷影音软件界面。

1.6.2　卸载迅雷影音

【例1-3】卸载迅雷影音软件。　视频

step 1 在【开始】菜单中，选择【控制面板】命令。

step 2 打开【控制面板】窗口，单击【查看方式】下拉按钮，选择【大图标】选项。

step 4 打开【程序和功能】窗口，右击需要删除的程序，在打开的快捷菜单中选择【卸载】命令。

step 5 打开卸载程序的对话框，单击【卸载】按钮。

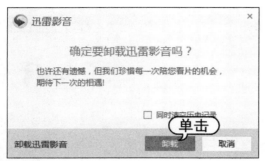

step 6 此时软件开始自动卸载，显示卸载进度条。

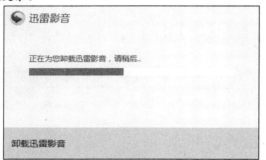

step 7 卸载完毕后，单击【再见】按钮关闭对话框。

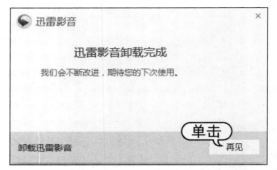

step 8 返回【程序和功能】窗口，【迅雷影音】软件已经从程序列表中消失，表示已经卸载该软件。

第2章

系统和磁盘管理软件

计算机硬盘也称为磁盘，用来存储计算机所需要的数据。硬盘进行分区和格式化之后，使用工具软件可以快速、简单地安装操作系统。在使用磁盘时，用户需要对磁盘中的数据进行管理，以保证数据的安全性、磁盘的运行稳定性等。

 本章对应视频

例 2-2　快速为硬盘分区　　　　　例 2-5　创建分区并添加卷标
例 2-3　为硬盘手动分区　　　　　例 2-12　整理磁盘碎片
例 2-4　调整逻辑分区

2.1 磁盘管理基础知识

磁盘管理是一项计算机使用时的常规任务，它是以一组磁盘管理应用程序的形式提供给用户的，在计算机操作系统中，都有相应的磁盘管理功能。

2.1.1 磁盘概述

磁盘是磁盘驱动器的简称，泛指通过电磁感应，利用电流的磁效应向带有磁性的盘片中写入数据的存储设备。广义的磁盘包括早期使用的各种软盘，以及现在广泛应用的各种机械硬盘和固态硬盘。固态硬盘采用闪存颗粒来存储数据，机械硬盘采用磁性碟片来存储数据。

目前在使用的主流磁盘主要包括如下几种规格。

▶ IDE(ATA)接口：IDE(Integrated Drive Electronics，电子集成驱动器)接口俗称PATA并口。

▶ SATA接口：使用SATA(Serial ATA)接口的硬盘又称为串口硬盘。

▶ SATA II 接口：SATA II 接口是芯片生产商 Intel 与硬盘生产商 Seagate(希捷)在 SATA 的基础上发展起来的。其主要特征是外部传输率从 SATA 的 150Mb/s 进一步提高到了 300Mb/s。此外还包括 NCQ(Native Command Queuing，原生命令队列)、端口多路器(Port Multiplier)、交错启动(Staggered Spin-up)等一系列技术特征。

▶ SCSI接口：SCSI接口是同IDE(ATA)与SATA接口完全不同的接口。IDE接口与SATA接口是普通计算机的标准接口，而SCSI接口并不是专门为硬盘设计的接口，而是一种被广泛应用于小型机的高速数据传输技术。

▶ 光纤通道：和SCIS接口一样，光纤通道最初也不是为硬盘设计开发的接口技术，是专门为网络系统设计的。但随着存储系统对速度的要求越来越高，才逐渐应用到硬盘系统中。光纤通道的出现大大提高了多硬盘系统的通信速度。

▶ SAS接口：这是新一代的SCSI技术，和SATA硬盘相同，都采取串行技术以获得更高的传输速度，可达到6Gb/s。

知识点滴

目前，市场上主流的硬盘普遍采用SATA接口，常见硬盘的容量大都在500GB、1TB或2TB之间。

2.1.2 硬盘分区

硬盘分区是指将硬盘分割为多个区域，以方便数据的存储与管理。对硬盘进行分区主要包括创建主分区、扩展分区和逻辑分区三部分。主分区一般用来安装操作系统，然后将剩余的空间作为扩展分区，在扩展分区中再划分一个或多个逻辑分区。

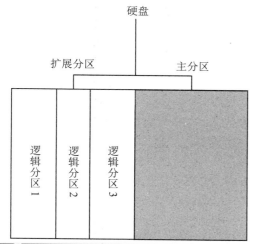

知识点滴

一块硬盘上只能有一个扩展分区，而且扩展分区不能被直接使用，必须将扩展分区划分为逻辑分区才能使用。在 Windows 7、Linux 等操作系统中，逻辑分区的划分数量没有上限。但分区数量过多会造成系统的启动速度变慢，而单个分区的容量过大也会影响系统读取硬盘的速度。

1. 硬盘分区的原则

对硬盘分区并不难，但要将硬盘合理地分区，则应遵循一定的原则。对于初学者来说，如果能掌握一些硬盘分区的原则，就可以在对硬盘分区时得心应手。

在对硬盘进行分区时可参考以下原则。

➤ 分区实用性：对硬盘进行分区时，应根据硬盘的大小和实际的需求对硬盘分区的容量和数量进行合理的划分。

➤ 分区合理性：分区合理性是指对硬盘的分区应便于日常管理，过多或过细的分区会降低系统启动和访问资源管理器的速度，同时也不便于管理。

➤ 最好使用 NTFS 文件系统：NTFS 文件系统是一个基于安全性及可靠性的文件系统，除兼容性之外，在其他方面远远优于 FAT32 文件系统。NTFS 文件系统不但可以支持高达 2TB 大小的分区，而且支持对分

区、文件夹和文件的压缩，可以更有效地管理磁盘空间。对于局域网用户来说，在 NTFS 分区上允许用户对共享资源、文件夹以及文件设置访问许可权限，安全性要比 FAT32 高很多。

➤ 双系统或多系统优于单一系统：如今，病毒、木马、广告软件、流氓软件无时无刻不在危害着用户的计算机，轻则导致系统运行速度变慢，重则导致计算机无法启动甚至损坏硬件。一旦出现这种情况，重装、杀毒要消耗很多时间，往往令人头疼不已，并且有些顽固的开机即加载的木马和病毒甚至无法在原系统中删除。而此时，如果用户的计算机中安装了双操作系统，事情就会简单得多。用户可以启动其中一个系统，然后进行杀毒和删除木马来修复另一个系统，甚至可以用镜像把原系统恢复。另外，即使不做任何处理，也同样可以用另外一个系统展开工作，而不会因为计算机故障而耽误正常的工作。

➤ C 盘分区不宜过大：一般来说 C 盘是系统盘，硬盘的读写操作比较多，产生磁盘碎片和错误的概率也比较大。如果 C 盘分

得过大，会导致扫描磁盘和整理碎片这两项日常工作变得很慢，影响工作效率。

2. 单系统硬盘分区方案

单系统的硬盘只需划分一个主分区和一个扩展分区即可。主分区可以用来安装操作系统，扩展分区可以划分为若干个逻辑分区，用来存放数据。

目前，常见硬盘的大小为 1TB，其分区方案可参考下表中的分区方法。

盘　符	容　量	分区存储内容
C 盘	100GB	Windows 操作系统
D 盘	200GB	应用程序
E 盘	200GB	游戏
F 盘	300GB	音乐、电影、资料
G 盘	剩余	数据备份

在上表中，C 盘分区为 100GB，安装 Windows 7 系统或 Windows 10 系统，保持一个大容量的系统盘，可以让系统运行顺畅。在对硬盘分区的时候，一般情况下用户应将软件的应用程序单独存放，以方便备份和查找。另外，使用计算机的用户通常都会玩游戏和看视频，而这些程序所占的空间通常都比较大，因此应划分一个较大的磁盘空间。在使用计算机的过程中，用户还应养成备份重要数据的习惯，因此划分一个 G 盘用来存放备份文件。

3. 多系统硬盘分区方案

一台计算机要安装两个操作系统或多个系统时，如果多个操作系统安装在一个硬盘分区内，势必会造成系统的紊乱，从而导致计算机无法正常运行。合理地规划硬盘分区至关重要。

以 1TB 硬盘为例，如果用户要安装 Windows 7 和 Windows10 双操作系统，可参考下表中的分区方案。

盘　符	容　量	分区存储内容
C 盘	100GB	Windows 7 操作系统
D 盘	100GB	Windows 10 操作系统
E 盘	200GB	应用程序
F 盘	200GB	游戏
G 盘	200GB	音乐、电影、资料
H 盘	剩余	数据备份

4. 常见的文件系统

文件系统是基于存储设备而言的，通过格式化操作可以将硬盘分区并格式化为不同的文件系统。文件系统是有组织地存储文件或数据的方法，目的是便于数据的查询和存取。

在 DOS/Windows 系列操作系统中，常用的文件系统为 FAT 16、FAT 32、NTFS 等。

➤ FAT 16：FAT 16 是早期 DOS 操作系统下的格式，使用 16 位的空间来表示每个扇区配置文件的情形，故称为 FAT 16。由于设计上的原因，FAT 16 不支持长文件名，受到 8 个字符的文件名加 3 个字符的扩展名的限制。另外，FAT 16 所支持的单个分区的最大容量为 2GB，单个硬盘的最大容量一般不能超过 8GB。如果硬盘容量超过 8GB，8GB 以上的空间将会因无法利用而浪费，因此 FAT16 文件系统对磁盘的利用率较低。此外，这种文件系统的安全性比较差，易受病毒的攻击。

➤ FAT 32：FAT 32 是继 FAT 16 后推出的文件系统，它采用 32 位的文件分配表，并且突破了 FAT 16 分区格式中每个分区容量只有 2GB 的限制，大大减少了对磁盘的浪费，提高了磁盘的利用率。FAT 32 分区格式也有缺点，由于这种分区格式支持的磁盘分区文件表比较大，因此其运行速度略低于 FAT 16 分区格式的磁盘。

▶ NTFS：NTFS 是 Windows NT 系统的专用格式，具有出色的安全性和稳定性。这种文件系统与 DOS 以及 Windows 98/Me 系统不兼容，要使用 NTFS 文件系统，就必须安装 Windows 2000 操作系统及其以上版本。另外，使用 NTFS 分区格式的另一个优点是在用户使用的过程中不易产生文件碎片，还可以对用户的操作进行记录。NTFS 格式是目前最常用的文件格式。

2.1.3 硬盘格式化

硬盘格式化是指将一张空白的硬盘划分成多个小的区域，并且对这些区域进行编号。对硬盘进行格式化后，系统就可以读取硬盘，并在硬盘中写入数据了。做个形象比喻，格式化相当于在一张白纸上用铅笔打上格子，这样系统就可以在格子中读写数据了。如果没有格式化操作，计算机就不知道要从哪里写、哪里读。另外，如果硬盘中存有数据，那么经过格式化操作后，这些数据将会被清除。

2.1.4 磁盘碎片整理

磁盘碎片应该称为文件碎片，是因为文件被分散保存到整个磁盘的不同地方，而不是连续地保存在磁盘连续的簇中形成的。

当应用程序所需的物理内存不足时，一般操作系统会在硬盘中产生临时交换文件，用该文件所占用的硬盘空间虚拟成内存。虚拟内存管理程序会对硬盘频繁读写，产生大量的碎片，这是产生硬盘碎片的主要原因。另外，浏览器浏览信息时生成的临时文件或临时文件目录的设置也会造成系统中形成大量的碎片。

文件碎片一般不会在系统中引起问题，但文件碎片过多会使系统在读文件的时候来回寻找，引起系统性能下降，严重的还要缩短硬盘的使用寿命。另外，过多的磁盘碎片还有可能导致存储文件的丢失。定期整理文件碎片是非常重要的。

2.2 安装多操作系统

安装多操作系统是指在一台计算机上安装两个或两个以上操作系统，它们分别独立存在于计算机中，并且用户可以根据不同的需求来启动其中的任意一个操作系统。

2.2.1 多操作系统的安装原则

与单一操作系统相比，多操作系统具有以下优点。

▶ 避免软件冲突：有些软件只能安装

在特定的操作系统中，或者只有在特定的操作系统中才能达到最佳效果。因此如果安装了多操作系统，就可以将这些软件安装在最适宜其运行的操作系统中。

▶ 更高的系统安全性：当一个操作系

统受到病毒感染而导致系统无法正常启动或杀毒软件失效时，就可以使用另外一个操作系统来修复中毒的系统。

> 有利于工作和保护重要文件：当一个操作系统崩溃时，可以使用另一个操作系统继续工作，并对磁盘中的重要文件进行备份。

> 便于体验新的操作系统：用户可在保留原系统的基础上，安装新的操作系统，以免因新系统的不足带来不便。

在计算机中安装多操作系统时，应对硬盘分区进行合理的配置，以免产生系统冲突。安装多操作系统时，应遵循以下原则。

> 由低到高原则：由低到高是指根据操作系统版本级别的高低，先安装较低版本，再安装较高版本。例如，用户要在计算机中安装 Windows 7 和 Windows 10 双操作系统，最好先安装 Windows 7 系统，再安装 Windows 10 系统。

> 单独分区原则：单独分区是指应尽量将不同的操作系统安装在不同的硬盘分区上，最好不要将两个操作系统安装在同一个硬盘分区上，以避免操作系统之间的冲突。

> 保持系统盘的清洁：用户应养成不要随便在系统盘中存储资料的好习惯，这样不仅可以减轻系统盘的负担，而且在系统崩溃或要格式化系统盘时，也不用担心会丢失重要资料。

2.2.2 安装系统时建立主分区

对于一块全新的没有进行过分区的硬盘，用户可在安装 Windows 7 的过程中，使用安装光盘轻松地对硬盘进行分区。

【例2-1】使用 Windows 7 安装光盘为硬盘创建主分区。

step 1 在安装操作系统的过程中，当安装进行到如下图所示步骤时，单击【驱动器选项

(高级)】选项。

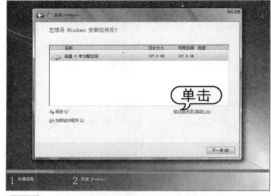

step 2 在打开的新界面中，选择列表中的磁盘，然后单击【新建】选项。

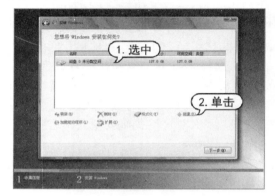

step 3 打开【大小】微调框，在其中输入要设置的主分区的大小(主分区会默认为 C 盘)，设置完成后，单击【应用】按钮。

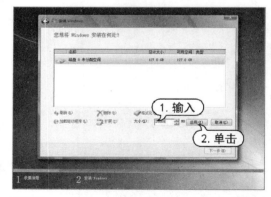

step 4 在弹出的提示框中单击【确定】按钮。

对硬盘划分主分区后，在安装操作系统前，还应对该主分区进行格式化。

比如使用 Windows 7 安装光盘对主分区进行格式化。首先选择刚刚创建的主分区，然后单击【格式化】选项。

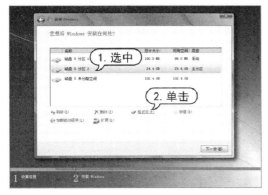

打开提示框，直接单击【确定】按钮，即可进行格式化操作。主分区划分完成后，选中主分区，然后单击【下一步】按钮，之后开始安装操作系统。

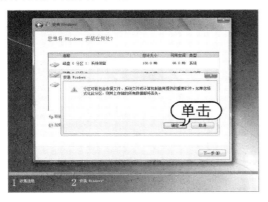

2.2.3　安装双系统

在为计算机安装多操作系统之前，需要做好以下准备工作。

➤　对硬盘进行合理的分区，保证每个操作系统各自都有一个独立的分区。

➤　分配好硬盘的大小，对于 Windows 7 系统来说，最好应有 20~25GB 的空间；对于 Windows 10 系统来说，最好应有 40~60GB 的空间。

➤　对于要安装 Windows 7、Windows 8 或 Windows Server 2008 系统的分区，应将其格式化为 NTFS 格式。

➤　备份好磁盘中的重要文件，以免出现意外损失。

计算机在安装了双操作系统后，用户还可设置这两个操作系统的启动顺序或者将其中的任意一个操作系统设置为系统默认启动的操作系统。在 Windows 7 中安装了 Windows 10 系统后，系统会将默认启动的操作系统变为 Windows 10 系统。可通过设置修改默认启动的操作系统。

用户可以使用第三方的"小白一键重装系统"软件，在 Windows 7 下安装 Windows 10 系统。

step❶　在安装双系统之前，使用"小白一键重装系统"软件制作一个装有 Windows 10 系统的 U 盘启动盘。插入 U 盘，然后打开"小白一键重装系统"，选择【U 盘模式】选项。

step❷　进入 U 盘模式后，选中插入的 U 盘，

单击【一键制作启动U盘】按钮。选择需要安装的系统，单击下载系统且制作U盘。

step 3 通过 U 盘启动快捷键，进入 U 盘制作维护工具。

step 4 选择【[02]Windows PE/RamOS(新机型)】选项，进入 U 盘的 PE 系统。

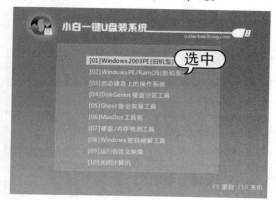

step 5 选择硬盘中的空白卷，单击【安装系统】按钮，"小白一键重装系统"就会自动将 Windows 10 系统安装到空白卷中。

step 6 安装系统后，不要选择自动重启选项。而是单击【取消】按钮，关掉工具。因为在安装完 Windows 10 之后，还需要进行引导修复。

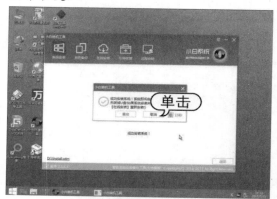

step 7 双击桌面上的【Windows 引导修复】图标，将其打开。

step 8 出现一个选择需要修复的引导分区界面，单击 C 盘。

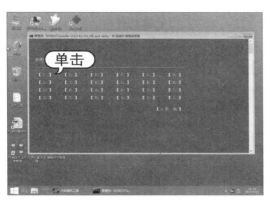

step 9　单击【开始修复】按钮或按数字键 1 进行修复。

step 10　弹出对话框提示修复已成功，单击

【退出】按钮或者按数字键 2 退出。

step 11　重启计算机后，可以看见开机启动项中可以选择 Windows 10 系统。

2.3　硬盘分区软件——DiskGenius

　　DiskGenius 是一款常用的硬盘分区工具，它支持快速分区、新建分区、删除分区、隐藏分区等多项功能，是对硬盘进行分区的好帮手。

2.3.1　快速硬盘分区功能

　　DiskGenius 软件的快速分区功能适用于对新硬盘进行分区或对已分区硬盘进行重新分区。在执行该功能时软件会删除现有分区，按设置对硬盘重新分区，分区后立即快速格式化所有分区。

【例 2-2】使用 DiskGenius 快速为硬盘分区。

视频

step 1　启动 DiskGenius 软件，在左侧列表中选中要进行快速分区的硬盘，然后单击【快速分区】按钮。

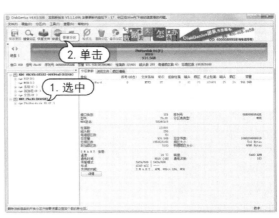

step 2　打开【快速分区】对话框。在【分区

数目】区域中选中想要为硬盘分区的数目，在【高级设置】区域中设置硬盘分区的大小。设置完成后，单击【确定】按钮。

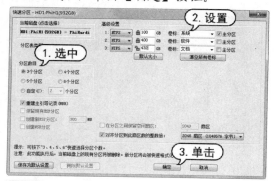

step 3 如果该硬盘已经有了分区，将打开提示对话框，提示用户将删除现有分区。确认无误后，单击【是】按钮。

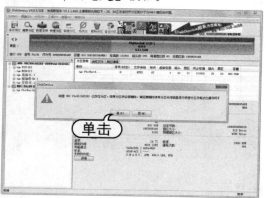

step 4 软件会自动对硬盘进行分区和格式化操作，分区完成后显示硬盘分区状况。

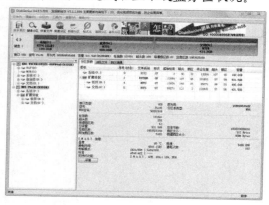

2.3.2 手动执行硬盘分区

除了使用快速分区功能为硬盘分区外，

用户还可以手动为硬盘进行分区。

【例2-3】 使用 DiskGenius 为硬盘手动分区。

🎬 视频

step 1 启动 DiskGenius 软件，在左侧列表中选择要进行分区的硬盘，然后单击【新建分区】按钮。

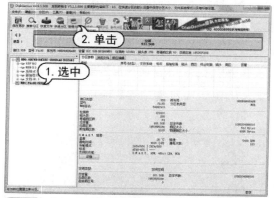

step 2 打开【建立新分区】对话框，在【请选择分区类型】区域选中【主磁盘分区】单选按钮，在【请选择文件系统类型】下拉列表中选择 NTFS 选项，然后在【新分区大小】微调框中设置数值。单击【详细参数】按钮。

step 3 在展开的对话框中可设置起始柱面、分区名字等更加详细的参数。如果用户对这些参数不了解，保持默认设置即可。设置完成后，单击【确定】按钮。

step 4 此时成功建立第一个主分区。

step 5 在【硬盘分区结构图】中选择【空闲】分区，单击【新建分区】按钮。

step 6 打开【建立新分区】对话框，在【请选择分区类型】区域选中【扩展磁盘分区】单选按钮，在【新分区大小】微调框中保持默认数值，单击【确定】按钮。

step 7 此时把所有剩余分区划分为扩展分区。在左侧列表中选择【扩展分区】选项，然后单击【新建分区】按钮。

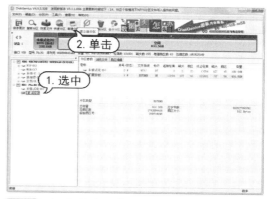

step 8 打开【建立新分区】对话框，此时可将扩展分区划分为若干个逻辑分区。在【新分区大小】微调框中输入想要设置的第一个逻辑分区的大小，其余选项保持默认设置，然后单击【确定】按钮，即可划分第一个逻辑分区。

step 9 使用同样的方法将剩余空闲分区根据需求划分为逻辑分区。分区划分完成后，在软件主界面左侧列表中选择刚刚进行分区的硬盘，然后单击【保存更改】按钮。

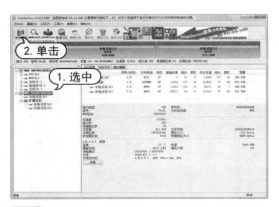

step 10 在打开的软件提示中，单击【是】按钮。

step 11 打开提示，单击【是】按钮。

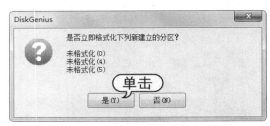

step 12 开始对新分区进行格式化，格式化完成后，完成对硬盘的分区操作。

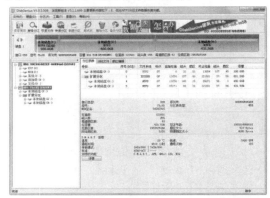

2.4　分区管理软件——EaseUS Partition Master

EaseUS Partition Master 是一款综合性的磁盘分区管理工具，它执行所需的硬盘分区维护，提供强大的数据保护和灾难恢复，并最大限度地减少服务器停机时间。

2.4.1　调整逻辑分区

利用 EaseUS Partition Master 可轻松进行分区管理和磁盘管理。它可以在不损失硬盘数据的前提下，调整大小/移动分区、扩展系统驱动器、复制磁盘及分区、合并分区、分割分区、重新分配空间、转换动态磁盘和恢复分区等。

如果某一个磁盘分区中的空间不够使用，而想让另外一个磁盘分区中的空间分割到相邻磁盘分区时，可以通过该软件来调整磁盘分区的空间大小。

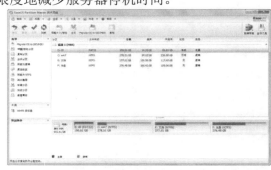

【例2-4】使用 EaseUS Partition Master 软件调整逻辑分区。●视频

step 1 启动 EaseUS Partition Master 软件，在左侧列表中，右击需要调整空间的磁盘分区，并选择【调整/移动分区】命令。

step 2 将鼠标放置到【判断大小和位置】图块后面的箭头位置,当鼠标变成双向箭头时,向左拖动即可改变该分区的容量,单击【确定】按钮。

step 3 在【H:】分区之后,多出一个区域,该区域是一个未分配的空白磁盘。

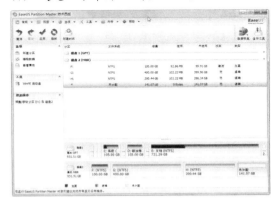

step 4 用户也可以选择需要调整的磁盘,比如选择【H:】分区,并选择工具栏中的【调整/移动分区】选项。

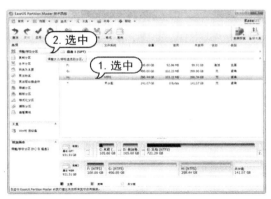

step 5 在打开的【调整/移动分区】对话框中,将鼠标放置在【判断大小和位置】图块前面的箭头位置,当鼠标变成双向箭头时,向右拖动即可改变该分区的容量,用户可以看到未分配和已经分配的分区大小之间数据的变化,单击【确定】按钮。

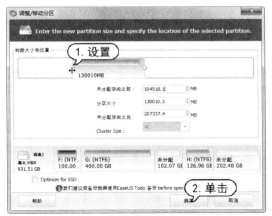

step 6 返回窗口,可以看到【H:】分区前面又添加了一个新的空白磁盘,单击【应用】按钮。

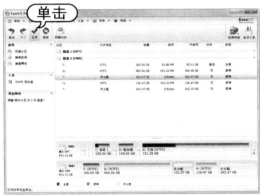

step 7 此时，将打开提示框，提示"1 操作当前正在等待。现在应用更改吗？"，单击【是】按钮。

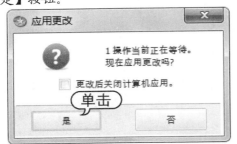

step 8 然后，再次提示"一个或多个你需要做重新启动才能完成操作。如果按是，计算机将重新启动来执行操作。"，单击【是】按钮。

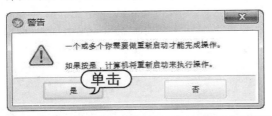

> **知识点滴**
>
> 虽然该软件对磁盘进行无损调整，但是为了防止万一出错，用户在执行磁盘操作之前，还需要将磁盘中重要的文件进行备份。

2.4.2 创建分区并添加卷标

【例2-5】使用 EaseUS Partition Master 软件创建分区并添加卷标。 视频

step 1 启动EaseUS Partition Master软件，用户可以先从其他分区中划分出一个空白的区域，选择一个分区，选择工具栏中的【调整/移动分区】选项。

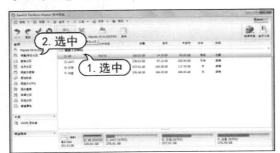

step 2 打开【调整/移动分区】对话框，拖

动鼠标调整出一块空白区域，单击【确定】按钮。

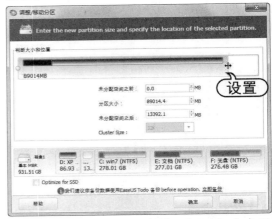

step 3 在窗口中可以看到已经划分出来的空白区域，选择该区域，并选择工具栏中的【创建分区】选项。

step 4 在打开的【创建分区】对话框中，用户可以在【分区卷标】文本框中输入"系统"，并设置【驱动器盘符】为"H:"，单击【确定】按钮。

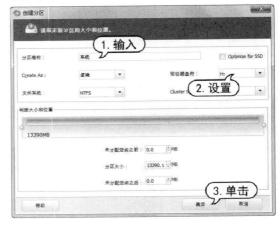

step 5 返回窗口中，可以看到已经创建的磁盘，在该磁盘盘符后面，显示所添加的卷标内容。用户在窗口中单击【应用】按钮。

step 6 在弹出的提示框中单击【是】按钮。

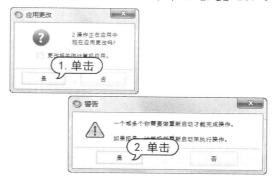

2.5 备份与还原硬盘数据软件——Ghost

Norton Ghost 是美国赛门铁克公司旗下的一款出色的硬盘数据备份与还原工具，其功能是在 FAT16/32、NTFS、OS2 等多种硬盘分区格式下实现分区及硬盘数据的备份与还原。简单地说，Ghost 就是一款分区/磁盘的克隆软件。本节将详细介绍使用 Ghost 软件备份与还原计算机硬盘分区与数据的方法。

2.5.1 Ghost 特色

Ghost 是一款技术上非常成熟的系统数据备份与恢复工具，拥有一套完备的使用和操作方法。在使用 Ghost 软件之前，了解该软件相关的技术和知识，有助于用户更好地利用它保护硬盘中的数据。

1. 备份和恢复方式

针对 Windows 系列操作系统的特点，Ghost 将磁盘本身及其内部划分出的分区视为两种不同的操作对象，并在 Ghost 软件内分别为其设立了不同的操作菜单。Ghost 针对 Disk(磁盘)和 Partition(分区)这两种操作对象，分别为其提供了两种不同的备份方式，具体如下和右表所示。

▶ Disk(磁盘)：分为 To Disk(生成备份磁盘)和 To Image(生成备份文件)两种备份方式。

▶ Partition(分区)：分为 To Partition(生成备份分区)和 To Image(生成备份文件)两种备份方式。

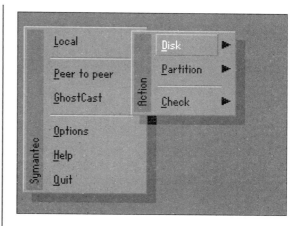

类 型	优 点	缺 点	备 份
Disk	备份速度较快	需要两块硬盘	备份磁盘的容量不小于源磁盘
	可压缩，体积小，易管理	备份文件体积较大	镜像文件不超过 2GB

（续表）

类　型	优　点	缺　点	备　份
Partition	备份速度快	需要第二个分区	备份分区的容量不小于源分区
	可压缩，体积小，易管理	备份速度较慢	镜像文件不能超过 2GB

2. 启动 Ghost 软件

从 Ghost 9.0 以上版本开始，Ghost 具备在 Windows 环境下进行备份与恢复数据的能力，而之前的 Ghost 程序则必须运行在 DOS 环境中。

▶ 从 DOS 启动 Ghost(9.0 以下版本)：在 DOS 环境下，用户在进入 Ghost 程序所在的目录后，输入 Ghost，并按 Enter 键即可启动 Ghost 程序。

▶ 从 Windows 启动 Ghost(9.0 以上版本)：在 Windows 环境中，可以通过双击 Ghost 32 文件图标，启动 Ghost 程序。

> **知识点滴**
>
> 运行于 DOS 环境内的 Ghost 程序的文件名为 Ghost.exe。若用户将其改为其他名称，在启动 Ghost 时需要输入的命令也会发生变化。例如，在将 Ghost.exe 重命名为 dosghost.exe 后，应输入 dosghost，并按 Enter 键才能启动 Ghost 程序。

2.5.2　复制、备份和还原硬盘

在利用 Ghost 程序对硬盘进行备份或恢复操作时，该程序对操作环境的要求是数据目的磁盘(备份磁盘)的空间容量应大于或等于数据源磁盘(待备份磁盘)。通常情况下，Ghost 推荐使用相同容量的磁盘进行磁盘间的恢复与备份。

1. 复制硬盘

利用 Ghost 程序复制硬盘的操作方法如下例所示。

【例 2-6】使用 Norton Ghost 工具复制计算机硬盘数据。

step 1 启动 Ghost 程序，在打开的 About

Symantec Ghost 对话框中单击 OK 按钮。

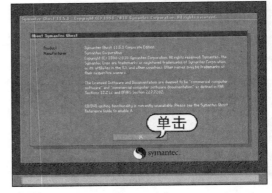

step 2 进入软件界面，选择 Local | Disk | To Disk 命令。

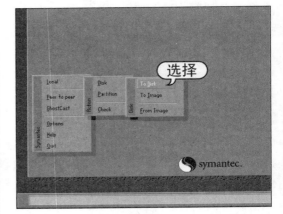

step 3 打开 Select local source drive by clicking on the drive number 对话框，Ghost 程序会要求用户选择备份源磁盘(待备份的磁盘)。在完成选择后，单击下方的 OK 按钮。

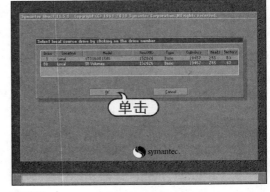

step 4 在打开的 Select local destination drive by clicking on the drive number 对话框中，选

择目标磁盘(备份目标磁盘)，单击 OK 按钮。

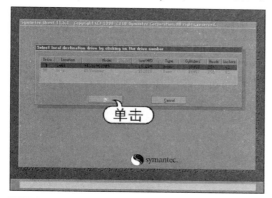

step 5 自动打开 Destination Drive Details 对话框。为了保证复制磁盘操作的正确性，Ghost 程序将会显示源磁盘的分区信息。确认无误后，单击 OK 按钮。

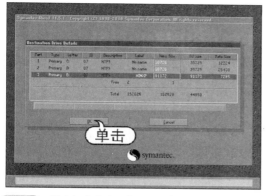

step 6 复制磁盘操作的所有设置已经全部完成。打开 Question 对话框，单击 Yes 按钮，Ghost 程序便将源磁盘内所有数据完全复制到目标磁盘中。

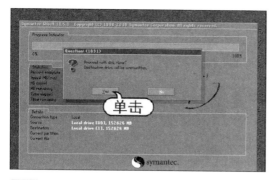

step 7 硬盘复制完成后，单击打开提示框的

Continue 按钮，即可返回 Ghost 程序主界面。若单击 Reset Computer 按钮则会重新启动计算机。

2. 创建磁盘镜像文件

利用 Ghost 程序创建磁盘镜像文件的操作方法如下例所示。

【例2-7】使用 Norton Ghost 工具创建计算机镜像文件。

step 1 执行 Local | Disk | To Image 命令，创建本地磁盘的镜像文件。

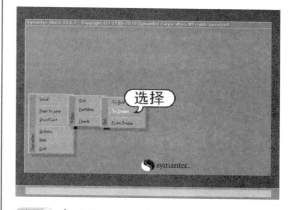

step 2 打开 Select local source drive by clicking on the drive number 对话框。选择进行备份的源磁盘，单击 OK 按钮。

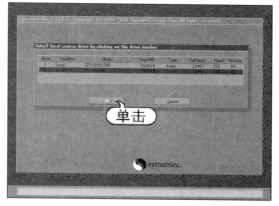

step 3 打开 File name to copy image to 对话框。选择镜像文件的保存位置后，在 File name 文本框中输入镜像文件的名称。单击 Save 按钮。

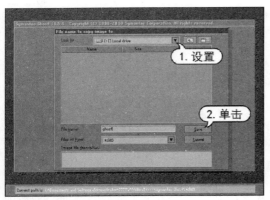

step 4 打开 Compress Image 提示框，询问用户是否压缩镜像文件。可以选择 No(不压缩)、Fast(快速压缩)和 High(高比例压缩)，共 3 个选项。这里单击 Fast 按钮。

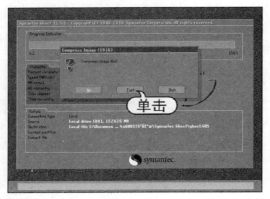

step 5 最后，在打开的对话框中单击 Yes 按钮即可扫描源磁盘内的数据，以此来创建磁盘镜像文件。

> **知识点滴**
>
> 在设置镜像文件提示框中选择 No 选项，将采用非压缩模式生成镜像文件，生成的文件较大。但由于备份过程中不需要压缩数据，因此备份速度较快；若选择 Fast 选项，将采用快速压缩的方式生成镜像文件，生成的镜像文件要小于非压缩模式下生成的镜像文件，但备份速度会稍慢。

3. 还原磁盘镜像文件

利用 Ghost 程序还原磁盘镜像文件的操作方法如下。

【例 2-8】 使用 Norton Ghost 工具还原磁盘镜像文件。

step 1 选择 Local | Disk | From Image 命令。

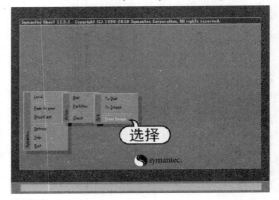

step 2 自动打开 Image file name to restore from 对话框，选择要恢复的镜像文件，单击 Open 按钮。

step 3 Ghost 程序将在打开的提示框中警告用户恢复操作会覆盖待恢复磁盘上的原有数据。在确认操作后，单击 Yes 按钮，Ghost 程序会开始从镜像文件恢复磁盘数据。

> **知识点滴**
>
> 由于恢复对象不能是镜像文件所在的磁盘，因此 Ghost 程序会使用暗红色文字来表示相应磁盘。并且此类磁盘也会在用户选择待恢复磁盘时处于不可选状态。

2.5.3 复制、备份和还原分区

相对于备份磁盘而言，利用 Ghost 程序备份分区对于计算机的要求较少(无须第 2 块硬盘)，方式也较为灵活。另外，由于操作时可选择重要分区进行有针对性的备份，因

此无论是从效率还是从备份空间消耗上来看，分区的备份与恢复都具有极大的优势。

1. 复制磁盘分区

利用 Ghost 程序复制磁盘分区的操作方法如下。

【例 2-9】使用 Norton Ghost 工具复制磁盘分区。

step① 选择 Local | Partition | To Partition 命令。

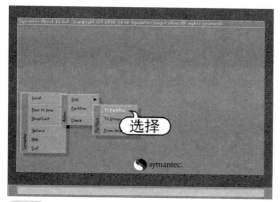

step② 打开 Select local source drive by clicking on the drive number 对话框。选择待复制的磁盘分区所在的硬盘，单击 OK 按钮。

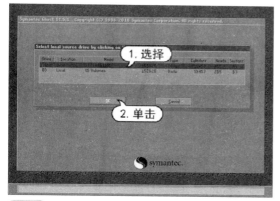

step③ 打开 Select source partition from basic drive：1 对话框。显示之前所选磁盘的分区信息。选择需要复制的分区，单击 OK 按钮。

step④ 自动打开 Select destination partition from basic drive：1 对话框，选择复制磁盘分区的目标硬盘，选择硬盘后，Ghost 将打开目标硬盘中的分区情况表。选择硬盘分区后，单击 OK 按钮。

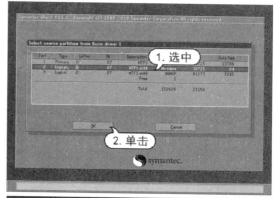

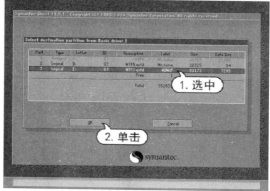

step⑤ Ghost 程序将会提示用户是否开始复制分区，单击 Yes 按钮即可。

2. 创建磁盘分区镜像文件

利用 Ghost 程序创建磁盘分区镜像文件的操作方法如下例所示。

【例 2-10】使用 Norton Ghost 工具创建磁盘分区镜像文件。

step① 选择 Local | Partition | To Image 命令，创建本地磁盘分区镜像文件。

step② 打开 Select source partition(s) from basic drive：1 对话框，选择需要备份的源分区，单击 OK 按钮。

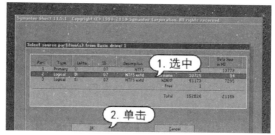

step③ 打开 File name to copy image to 对话

框。在 File name 文本框中，输入镜像文件的名称，单击 Save 按钮。

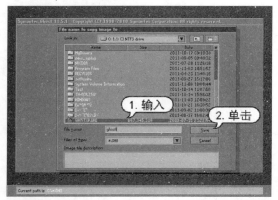

step 4 打开 Compress Image 提示框，单击 Fast 按钮。

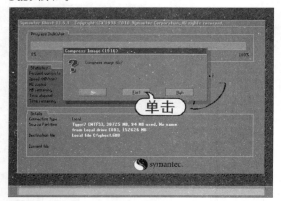

step 5 打开 Question 对话框，单击 Yes 按钮，开始创建分区镜像文件。

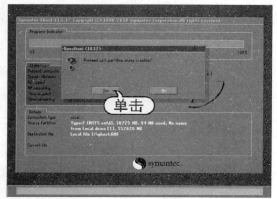

step 6 完成镜像文件的创建后，在打开的提示框中单击 Continue 按钮。

3．还原磁盘分区镜像文件

利用 Ghost 程序还原磁盘分区镜像文件的操作方法如下。

【例 2-11】使用 Norton Ghost 工具还原磁盘分区镜像文件。

step 1 选择 Local | Partition | From Image 命令，恢复磁盘分区镜像文件。打开 Image file name to restore from 对话框。选中要恢复的磁盘分区镜像文件后，单击 Open 按钮。

step 2 打开 Select source partition from image file 对话框。为了帮助确认操作的正常性，Ghost 程序在打开对话框中显示了所选镜像文件的分区信息。

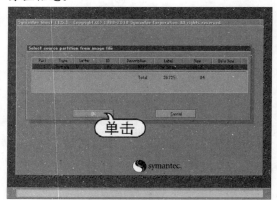

step 3 在打开的对话框中，单击 OK 按钮。确定镜像文件无误后，Ghost 程序将打开一个对话框提示用户选择待恢复分区所在的磁盘。用户在该对话框中选择一块硬盘后，单击 OK 按钮。

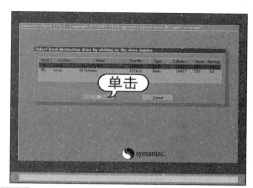

step 4 打开 Select destination Partition from Basic drive: 1 对话框，选择需要恢复的磁盘分区，单击 OK 按钮。

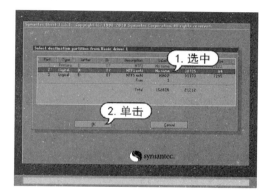

step 5 完成操作后，在打开的提示框中单击 Yes 按钮，Ghost 程序开始磁盘分区镜像文件

2.5.4　检测备份数据

为了保障 Ghost 镜像文件的完整性和 Ghost 所创建的备份磁盘、分区的正确性，用户可以使用 Ghost 校验功能检测其健康度。

step 1 选择 Local | Check | Image File 命令。

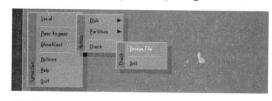

step 2 选择需要校验的镜像文件，单击 Open 按钮。开始检测镜像文件。检测完成后，Ghost 程序将显示检测信息。

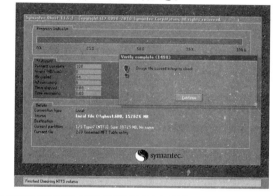

2.6　案例演练

本章的案例演练为使用 Auslogics Disk Defrag Portable 整理磁盘碎片。

【例 2-12】使用 Auslogics Disk Defrag Portable 整理磁盘碎片。 视频

step 1 启动 Auslogics Disk Defrag Portable 软件，选择 D 盘前的复选框。单击【整理】下拉按钮，在其下拉列表中选择【分析】选项。

> **知识点滴**
>
> 　在视图中"白色"图块代表可用空间；"橘黄"图块代表正在处理；"绿色"图块代表未成碎片；"紫色"图块代表主文件表；"黑色"图块代表不可移动文件；"红色"图块代表已成碎片；"蓝色"图块代表已整理碎片。

step **2** 此时,该软件将对 D 盘进行分析并显示分析的进度。在按钮下方将以不同图块显示磁盘碎片情况。

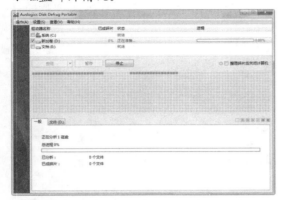

step **3** 分析完成后,除了利用图块代表磁盘的碎片信息外,还在【一般】和【文件】选项卡中显示分析的结果信息。

step **4** 单击【整理】按钮,软件开始对该磁盘进行碎片整理操作,并分别在【视图】和【一般】选项卡中显示整理碎片的处理过程。

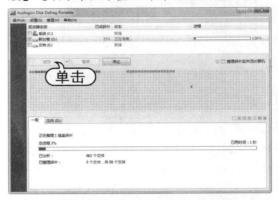

step **5** 碎片整理完成后,将分别在【一般】和【文件】选项卡中显示整理碎片的情况。

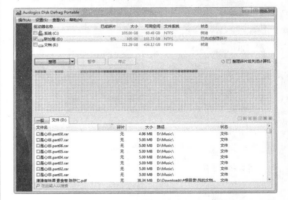

第3章

硬件检测和驱动管理软件

了解和掌握计算机硬件的运行性能，是用户安全使用和检测计算机的必备技能。使用专门的硬件检测软件，通过检测硬件的基础信息、性能参数等信息，来了解硬件的具体性能和运行状态。本章将介绍硬件检测和驱动管理软件的操作方法。

 本章对应视频

3.1 硬件基础知识

计算机系统由硬件系统与软件系统组成，其中硬件包括构成计算机的主要硬件设备与常用外部设备两种，这里介绍计算机主要的内部硬件相关知识。

3.1.1 计算机的硬件组成

计算机发展至今，不同类型计算机的组成部件虽然有所差异，但硬件系统的设计思路全都采用了冯·诺依曼体系结构，即计算机硬件系统由运算器、控制器、存储器、输入设备和输出设备这5大功能部件所组成。

1. 中央处理器

中央处理器(Central Processing Unit，CPU)由运算器和控制器组成，是现代计算机系统的核心组成部件。随着大规模和超大规模集成电路技术的发展，微型计算机内的 CPU 已经集成为一个被称为微处理器(Micro Processor Unit，简称 MPU)的芯片。

作为计算机的核心部件，中央处理器的重要性好比人的心脏，但由于它要负责处理和运算数据，因此其作用更像人的大脑。从逻辑构造来看，CPU 主要由运算器、控制器、寄存器和内部总线构成。

➤ 运算器：该部件的功能是执行各种算术和逻辑运算，如四则运算(加、减、乘、除)、逻辑操作(与、或、非、异或等操作)，以及移位、传送等操作，因此也称为算术逻辑部件(Arithmetic Logic Unit，ALU)。

➤ 控制器：控制器负责控制程序指令的执行顺序，并给出执行指令时计算机各部件所需要的操作控制命令，是向计算机发布命令的神经中枢。

➤ 寄存器：寄存器是一种存储容量有限的高速存储部件，能够用于暂存指令、数据和地址信息。在中央处理器中，控制器和运算器内部都包含有多个不同功能、不同类型的寄存器。

➤ 内部总线：所谓总线，是指将数据从一个或多个源部件传送到其他部件的一组传输线路，是计算机内部传输信息的公共通道。根据不同总线功能间的差异，CPU 内部的总线分为数据总线、地址总线和控制总线 3 种类型。

2. 存储器

存储器是计算机专门用于存储数据的装置，计算机内的所有数据(包括刚刚输入的原始数据、经过初步加工的中间数据以及最后处理完成的有用数据)都要记录在存储器中。

在计算机中，存储器分为内部存储器(主存储器)和外部存储器(辅助存储器)两种类型。两者都由地址译码器、存储矩阵、控制逻辑和三态双向缓冲器等部件组成。

➤ 内部存储器：内部存储器分为两种类型，一种是其内部信息只能读取、而不能修改或写入新信息的只读存储器(Read Only Memory，ROM)。另一种则是内部信息可以随时修改、写入或读取的随机存储器(Random Access Memory，RAM)。ROM 的特点是保存的信息在断电后也不会丢失，因此其内部存储的都是系统引导程序、自检程序，以及输入/输出驱动程序等重要程序。相比之下，RAM 内的信息则会随着电力供应的中断而消失，因此只能用于存放临时信息。在计算机内部使用的 RAM 中，根据工作方式的不同可以将其分为静态 RAM(Static RAM，SARM)和动态 RAM(Dynamic RAM，DRAM)

两种类型。两者间的差别在于，DRAM 需要不断地刷新电路，否则便会丢失其内部的数据，因此速度稍慢；SRAM 无须刷新电路即可持续保存内部存储的数据，因此速度相对较快。

知识点滴

实际上，SRAM 便是 CPU 内部高速缓冲存储器(Cache)的主要构成部分。DRAM 则是主存(通常所说的内存便是指主存，其物理部件俗称为"内存条")的主要构成部分。在计算机运行过程中，Cache 是 CPU 与主存之间的"数据中转站"，其功能是将 CPU 下一步要使用的数据预先从速度较慢的主存中读取出来并加以保存。这样一来，CPU 便可以直接从速度较快的 Cache 内获取所需数据，从而通过提高数据交互速度来充分发挥 CPU 的数据处理能力。

➤ 外部存储器：外部存储器的作用是长期保存计算机内的各种数据，特点是存储容量大，但存储速度较慢。目前，计算机上常用的外部存储器主要有硬盘、光盘和 U 盘等。

3. 输入/输出设备

输入/输入设备(Input/Output，I/O)是用户和计算机系统之间进行信息交换的重要设备，也是用户与计算机通信的桥梁。

现阶段，计算机能够接收、存储、处理和输出的数据既可以是数值型数据，也可以是图形、图像、声音等非数值型数据，而且其方式和途径也多种多样。

例如，按照输入设备的功能和数据的输入形式，可以将目前常见的输入设备分为以下几种类型。

➤ 字符输入设备：键盘。
➤ 图形输入设备：鼠标。
➤ 图像输入设备：摄像机、扫描仪、传真机。
➤ 音频输入设备：麦克风。

在数据输入方面，计算机上任何输出设备的主要功能都是将计算机内的数据处理结果以字符、图形、图像、声音等人们所能够接受的媒体信息展现给用户。根据输出形式的不同，可以将目前常见的输出设备分为以下几种类型。

➤ 影像输出设备：显示器、投影仪。
➤ 打印输出设备：打印机、绘图仪。
➤ 音频输出设备：耳机、音箱。

3.1.2　计算机的硬件工作环境

计算机是一种精密的电子设备，包含大量的集成电路和芯片组。恶劣的工作环境对计算机硬件会造成很大的损害，降低硬件运行的稳定性和使用寿命。有关计算机的使用环境需要注意的事项有以下几点。

➤ 环境温度：计算机正常运行的理想环境温度是 5℃~35℃，其安放位置最好远离热源并避免阳光直射。
➤ 环境湿度：最适宜的湿度是 30%~80%，湿度太高可能会使计算机受潮而引起内部短路，烧毁硬件；湿度太低，则容易产生静电。

▷ 清洁的环境：计算机要放在一个比较清洁的环境中，以免大量的灰尘进入计算机而引起故障。

▷ 远离磁场干扰：强磁场会对计算机的性能产生很坏的影响。例如，导致硬盘数据丢失、显示器产生花斑和抖动等。强磁场干扰主要来自一些大功率电器和音响设备等，因此，计算机要尽量远离这些设备。

▷ 电源电压：计算机的正常运行需要一个稳定的电压，如果家里电压不够稳定，一定要使用带有保险丝的插座，或者为计算机配置一个 UPS 电源，如下图所示。

3.2　各硬件的检测软件

硬件检测软件主要是对计算机各硬件的相关信息进行检测，使用户无须打开机箱查看实物，即可了解各硬件的型号、运行频率等信息。

3.2.1　使用 CPU-Z 检测 CPU

随着 CPU 制造工艺的飞速发展，其性能的好坏已经不能简单地仅仅以频率来衡量，还需要综合缓存、总线、接口和制造工艺等指标参数。下面将分别介绍这些性能指标的含义。

▷ 主频：主频即 CPU 内部核心工作的时钟频率(CPU Clock Speed)，单位一般是 GHz。同类 CPU 的主频越高，一个时钟周期里完成的指令数也越多，CPU 的运算速度也就越快。但是由于不同种类的 CPU 内部结构的不同，往往不能直接通过主频来比较，而且高主频 CPU 的实际表现性能还

与外频、缓存大小等有关。带有特殊指令的 CPU，则在一定程度上依赖软件的优化程度。

▷ 外频：外频指的是 CPU 的外部时钟频率，也就是 CPU 与主板之间同步运行的速度。目前，绝大部分计算机系统中外频也是内存与主板之间同步运行的速度，在这种方式下，可以理解为 CPU 的外频直接与内存相连通，实现两者间的同步运行状态。

▷ 倍频：倍频为 CPU 主频与外频之比的倍数。CPU 主频与外频的关系是：CPU 主频＝外频×倍频数。

▶ 接口类型：随着 CPU 制造工艺的不断进步，CPU 的架构发生了很大的变化，相应的 CPU 针脚类型也发生了变化。目前 Intel 四核 CPU 多采用 LGA 775 接口或 LGA 1366 接口；AMD 四核 CPU 多采用 Socket AM2+接口或 Socket AM3 接口。

▶ 总线频率：前端总线(FSB)是将 CPU 连接到北桥芯片的总线。前端总线频率(即总线频率)直接影响 CPU 与内存之间数据交换的速度。得知总线频率和数据位宽可以计算出数据带宽，即数据带宽=(总线频率×数据位宽)/8，数据传输最大带宽取决于所有同时传输的数据的宽度和传输频率。例如，支持 64 位的至强 Nocona，前端总线频率是 800MHz，它的数据传输最大带宽是 6.4GB/s。

▶ 缓存：缓存大小也是 CPU 的重要指标之一，而且缓存的结构和大小对 CPU 速度的影响非常大，CPU 内缓存的运行频率极高，一般是和处理器同频运作，其工作效率远远大于系统内存和硬盘。缓存分为一级缓存(L1 Cache)、二级缓存(L2 Cache)和三级缓存(L3 Cache)。

▶ 制造工艺：制造工艺一般用来衡量组成芯片电子线路或元件的细致程度，通常以 μm(微米)和 nm(纳米)为单位。制造工艺越精细，CPU 线路和元件就越小，在相同尺寸芯片上就可以增加更多的元件。这也是 CPU 内部器件不断增加、功能不断增强而体积变化却不大的重要原因。

▶ 工作电压：工作电压是指 CPU 正常工作时需要的电压。低电压能够解决 CPU 耗电过多和发热量过大的问题，让 CPU 能够更加稳定地运行，同时也能延长 CPU 的使用寿命。

CPU-Z 是一款常见的 CPU 测试软件，除了使用 Intel 或 AMD 推出的检测软件之外，人们平时使用最多的此类软件就是它了。CPU-Z 支持的 CPU 种类相当全面，软件的启动速度及检测速度也很快。另外，它还能检测主板和内存的相关信息，其中就有常用的内存双通道检测功能。当然，对于 CPU 的鉴别最好还是使用原厂软件。

【例 3-1】使用 CPU-Z 检测计算机中 CPU 的具体参数。 ⊙ 视频

step 1 在计算机中安装并启动 CPU-Z 程序后，该软件将自动检测当前计算机 CPU 的参数(包括 CPU 处理器、主频、缓存等信息)，并显示在其主界面中。

step 2 在 CPU-Z 界面中，选择【缓存】选项卡，可以查看缓存的类型、容量。

step 3 选择【主板】选项卡，可以查看当前主板所用芯片组的型号和架构等信息。

step 4 选择【内存】选项卡，可以查看当前内存的大小、通道数、各种时钟信息以及延迟时间。

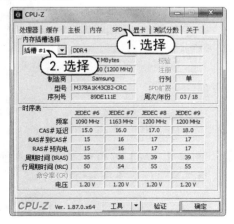

step 5 选择 SPD 选项卡，打开【内存插槽选择】下拉列表，选择【插槽#1】选项，查看该选项内存信息。

step 6 选择【显卡】选项卡，可以查看性能等级、图形处理器信息、时钟、显存等信息。

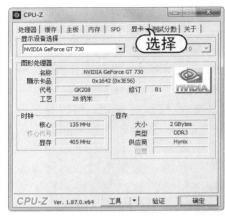

step 7 选择【测试分数】选项卡，在【参考】下拉列表中，选择作为参考的 CPU，单击【测试处理器分数】按钮，和本机处理器进行对比。

step 8 选择【关于】选项卡，单击【保存报告(.HTML)】按钮。

step 9 在弹出的对话框中输入文件名，再单击【保存】按钮。

step 10 在保存的目录下打开上述所保存的 HTML 文件。

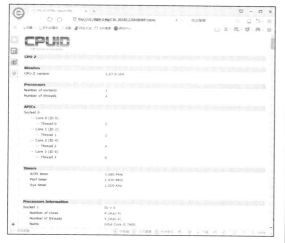

3.2.2 使用 DMD 检测内存

内存主要用来存储当前执行程序的数据，并与 CPU 进行交换。使用内存检测工具可以快速扫描内存，测试内存的性能。

内存的性能指标是反映内存优劣的重要参数，主要包括内存容量、时钟频率、存取时间、延迟时间、数据位宽和内存带宽等。

➤ 容量：内存最主要的一个性能指标就是内存的容量，普通用户在购买内存时往往也最关注该性能指标。目前市场上主流内存的容量为 4GB 和 8GB。

➤ 频率：内存主频和 CPU 主频一样，习惯上被用来表示内存的速度，代表着该内存所能达到的最高工作频率。内存主频是以 MHz 为单位计量的。内存主频越高，在一定程度上代表着内存所能达到的速度越快。内存主频决定着该内存最高能在什么样的频率下正常工作。常见的 DDR 2 内存的频率为 667MHz 和 800MHz，DDR 3 内存的频率为 1066 MHz、1333MHz 和 2000MHz。

➤ 工作电压：内存的工作电压是指使内存在稳定条件下工作所需要的电压。内存正常工作所需要的电压值，对于不同类型的内存会有所不同，但各自均有自己的规格，超出其规格，容易造成内存损坏。内存的工作电压越低，功耗越小。目前一些 DDR 3 内存的工作电压已经降到 1.5V。

➤ 存取时间：存取时间(AC)指的是 CPU 读或写内存中资料的过程时间，也称总线循环。以读取为例，CPU 发出指令给内存时，便会要求内存取用特定地址的特定资料，内存响应 CPU 后便会将 CPU 所需要的数据传送给 CPU，一直到 CPU 收到数据为止，这就是一个读取的过程。内存的存取时间越短，速度越快。

➤ 延迟时间：延迟时间(CL)是指纵向地址脉冲的反应时间。它是在一定频率下衡量支持不同规范的内存的重要标志之一。延迟时间越短，内存性能越好。

▶ 数据位宽和内存带宽：数据位宽指的是内存在一个时钟周期内可以传送的数据长度，其单位为位(b)。内存带宽则指的是内存的数据传输率。

DMD 是腾龙备份大师配套增值工具中的一员，中文名为系统资源监测与内存优化工具。它是一款可运行在全系列 Windows 平台的资源监测与内存优化软件，该软件为腾龙备份大师的配套增值软件。DMD 无须安装直接解压缩即可使用。它是一款基于汇编技术的高效率、高精确度的内存、CPU 监测及内存优化整理系统，它能够让系统长时间保持最佳的运行状态。

【例 3-2】使用 DMD 软件检测计算机中的内存。
◉视频

step① 在计算机中安装并启动 DMD 程序后，用户可以很直观地查看到系统资源所处的状态。使用该软件的优化功能，可以让系统长时间处于最佳的运行状态。

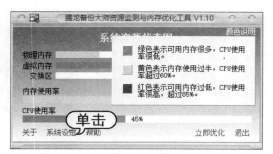

step② 将鼠标指针放置在【颜色说明】选项上，即可在弹出的【颜色说明】浮动框中查看绿色、黄色、红色代表的含义，单击【系统设定】选项。

step③ 打开【设定】对话框，拖动内存滑块至 90%，选中【计算机启动时自动运行本系统】和【整理前显示警告信息】复选框，单击【确定】按钮。

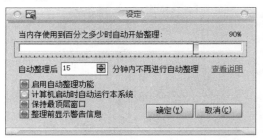

step④ 在主界面下方单击【立即优化】选项，将显示系统正在进行内存优化。

3.2.3 使用 HD Tune Pro 检测硬盘

硬盘是计算机的主要存储设备，是存储计算机数据资料的仓库。使用硬盘检测工具可以快速测试硬盘的性能。

硬盘作为计算机最主要的外部存储设备，其性能也直接影响着计算机的整体性能。判断硬盘性能的主要指标有以下几个。

▶ 容量：容量是硬盘最基本、也是用户最关心的性能指标之一。硬盘容量越大，能存储的数据也就越多。对于现在动辄上 GB 安装大小的软件而言，选购一块大容量的硬盘是非常有必要的。目前，市场上主流硬盘的容量大于 500GB，并且随着更大容量硬盘价格的降低，TB 硬盘也开始被普通用户接受(1TB=1024GB)。

▶ 主轴转速：硬盘的主轴转速是决定硬盘内部数据传输率的决定因素之一，它在很大程度上决定了硬盘的速度，同时也是区别硬盘档次的重要标志。目前，主流硬盘的主轴转速为7200rpm，建议用户不要购买更低转速的硬盘，如5400rpm，否则该硬盘将成为整个计算机系统性能的瓶颈。

➤ 平均延迟(潜伏时间)：平均延迟是指当磁头移动到数据所在的磁道后，然后等待所要的数据块继续转动(半圈或多些、少些)到磁头下的时间。平均延迟越小代表硬盘读取数据的等待时间越短，相当于具有更高的硬盘数据传输率。7200rpm IDE硬盘的平均延迟为4.17ms。

➤ 单碟容量：单碟容量(Storage Per Disk)是硬盘相当重要的参数之一，一定程度上决定着硬盘的档次高低。硬盘是由多个存储碟片组合而成的，而单碟容量就是一个磁盘存储碟片所能存储的最大数据量。目前单碟容量已经达到2TB，这项技术不仅可以带来硬盘总容量的提升，还能在一定程度上节省产品成本。

➤ 外部数据传输率：外部数据传输率也称突发数据传输率，它是指从硬盘缓冲区读取数据的速率。在广告或硬盘特性表中常以数据接口速率代替，单位为MB/s。目前主流的硬盘已经全部采用UDMA/100技术，外部数据传输率可达100MB/s。

➤ 最大内部数据传输率：最大内部数据传输率又称持续数据传输率，单位为MB/s。它指磁头与硬盘缓存间的最大数据传输率，取决于硬盘的盘片转速和盘片数据线密度(指同一磁道上的数据间隔度)。

➤ 连续无故障时间：连续无故障时间是指硬盘从开始运行到出现故障的最长时间，单位是小时(h)。一般的硬盘连续无故障时间至少在30 000小时以上。这项指标在一般的产品广告或常见的技术特性表中并不提供，需要时可专门上网到具体生产该款硬盘的公司网站中查询。

➤ 硬盘表面温度：该指标表示在硬盘工作时产生的热量使硬盘密封壳温度上升的情况。

HD Tune Pro是一款小巧易用的硬盘工具软件，其主要功能包括检测硬盘传输速率，检测健康状态，检测硬盘温度及磁盘表面扫描等。另外，HD Tune Pro还能检测出硬盘的固件版本、序列号、容量、缓存大小以及当前的Ultra DMA模式等。

【例3-3】使用HD Tune Pro软件测试硬盘性能。
📀视频

step 1 启动HD Tune Pro程序，然后在软件界面中单击【开始】按钮。

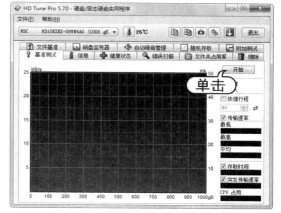

step 2 HD Tune将开始自动检测硬盘的基本性能。

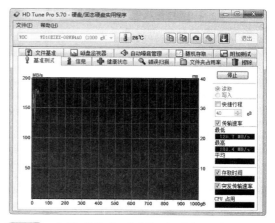

step 3 选择【基准测试】选项卡，会显示通过检测得到的硬盘基本性能信息。

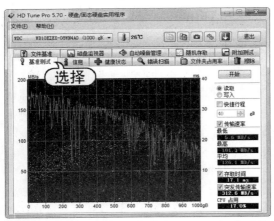

step 4 选择【信息】选项卡，可以查看硬盘的基本信息，包括分区、支持特性、固件版本、序列号以及容量等。

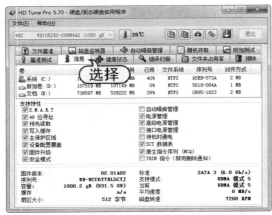

step 5 选择【健康状态】选项卡，可以查阅硬盘内部存储的运行记录。

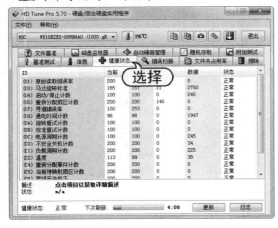

step 6 选择【错误扫描】选项卡，单击【开始】按钮，检查硬盘坏道。

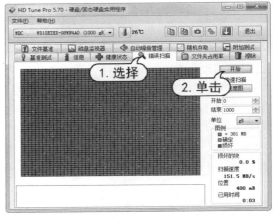

step 7 选择【擦除】选项卡，单击【开始】按钮，软件即可安全擦除硬盘中的数据。

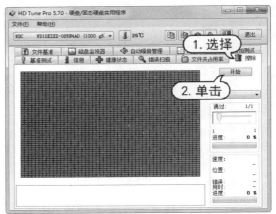

step 8 选择【文件基准】选项卡，单击【开始】按钮，可以检测硬盘的缓存性能。

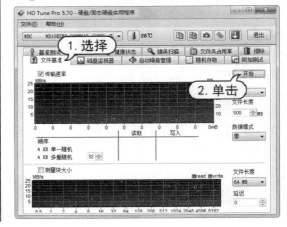

step ⑨ 选择【磁盘监视器】选项卡，单击【开始】按钮，可监视硬盘的实时读写状况。

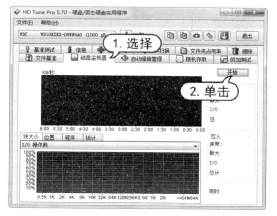

step ⑩ 选择【自动噪音管理】选项卡，在其中拖动滑块可以降低硬盘的运行噪音。

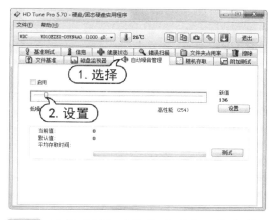

step ⑪ 选择【随机存取】选项卡，单击【开始】按钮，即可测试硬盘的寻道时间。

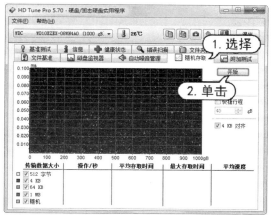

step ⑫ 选择【附加测试】选项卡，在【测试】列表框中，可以选择更多的一些硬盘性能测试，单击【开始】按钮开始测试。

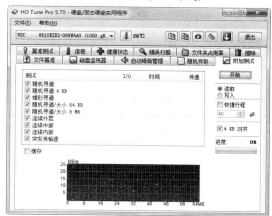

3.2.4　使用 GPU-Z 测试显卡

　　显卡是计算机中处理和显示数据、图像信息的专门设备，是连接显示器和计算机主机的重要部件。使用显卡检测工具软件可以快速测试显卡的性能。

　　衡量一个显卡的好坏有很多方法，除了使用测试软件测试外，还有很多性能指标可以供用户参考，具体如下。

　　▶ 显示芯片的类型：显卡所支持的各种 3D 特效由显示芯片的性能决定。显示芯片相当于 CPU 在计算机中的作用，一块显卡采用何种显示芯片大致决定了这块显卡的档次和基本性能。目前，主流显卡的显示芯片主要由 nVIDIA 和 ATI 两大厂商制造。

　　▶ 显存容量：显存容量指的是显卡上显存的容量。现在主流显卡的显存容量是 4GB，一些中高端显卡配备了 8GB 的显存容量。显存与系统内存一样，其容量越多越好，因为显存越大，可以存储的图像数据就越多，支持的分辨率与颜色数也就越高，游戏运行起来就越流畅。

　　▶ 显存带宽：它是显示芯片与显存之间的桥梁，带宽越大，则显示芯片与显存之间的通信就越快捷。显存带宽的单位为字节/秒。显存的带宽与显存的位宽及显存的速度

(也就是工作频率)有关。最终得出结论：显存带宽=显存位宽×显存频率/8。

GPU-Z 是一款非常权威的显卡检测工具，绿色免安装，界面直观，运行后即可显示 GPU 核心，以及运行频率、带宽等。本节就将通过一个实例，介绍使用 GPU-Z 检测显卡性能的方法。

【例3-4】使用 GPU-Z 软件检测显卡性能。

▶ 视频

step 1 启动 GPU-Z 软件，运行后即可显示 GPU 核心，以及运行频率、带宽等信息。

step 2 选择【传感器】选项卡，显示 GPU 核心时钟、GPU 显存时钟、GPU 温度、GPU 负载等信息。

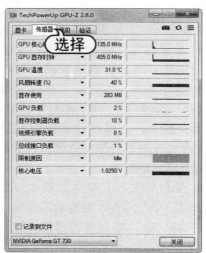

step 3 选择【高级】选项卡，选择下拉列表中的参数选项，比如选择【DXVA 2.0 硬件解码】。

step 4 此时该选项卡将显示有关 DXVA 2.0 硬件解码的相关支持参数。

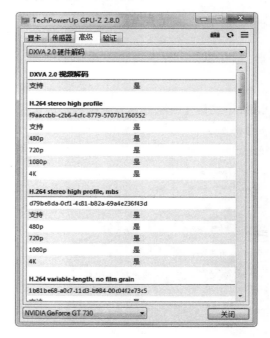

3.2.5　使用 DisplayX 测试显示器

显示器是属于计算机的 I/O 设备，即输入/输出设备，是一种将一定的电子文件通过特定的传输设备显示到屏幕上再反射到人眼的显示工具。使用显示器检测工具软件可以快速测试显示器的问题。

显示器的性能指标包括尺寸、可视角度、亮度、对比度、分辨率、色彩数量和响应时间等。

➤ 尺寸：显示器的尺寸是指屏幕对角线的长度，单位为英寸。显示器的尺寸是用户最为关心的性能参数，也是用户可以直接从外表识别的参数。目前市场上主流显示器的尺寸包括 21.5 英寸、23 英寸、23.6 英寸、24 英寸以及 27 英寸。

➤ 可视角度：一般而言，液晶显示器的可视角度都是左右对称的，但上下不一定对称，常常是垂直角度小于水平角度。当可视角度是 170° 左右时，表示站在始于屏幕法线 170° 的位置时仍可清晰看见屏幕图像。但每个人的视力不同，因此以对比度为准。目前主流液晶显示器的水平可视角度为 170°；垂直可视角度为 160°。

➤ 亮度：显示器的亮度以流明为单位，并且亮度普遍在 250 流明到 500 流明之间。需要注意的一点是，市面上的低档显示器存在严重的亮度不均匀的现象，中心的亮度和距离边框部分区域的亮度差别比较大。

➤ 对比度：对比度是直接体现显示器能够显示的色阶的参数，对比度越高，还原的画面层次感就越好，即使在观看亮度很高的照片时，黑暗部位的细节也可以清晰体现。

➤ 分辨率：液晶显示器的分辨率一般不能任意调整，它由制造商设置和规定。例如，20 英寸液晶显示器的分辨率为 1600×900，23 英寸、23.5 英寸以及 24 英寸液晶显示器的分辨率为 1920×1080 等。

➤ 色彩数量：由于工艺上的限制，液晶显示器的色彩数量要比 CRT 显示器少，目前大多数的液晶显示器的色彩数量为 18 位色(即 262144 色)。现在的操作系统与显卡完全支持 32 位色，但用户在日常的应用中接触最多的依然是 16 位色，而且 16 位色对于现在常用的软件和游戏来说都可以满足用户需要。虽然液晶显示器在硬件上还无法支持 32 位色，但可以通过技术手段来模拟色彩显示，达到增加色彩显示数量的目的。

➤ 响应时间：响应时间是显示器的一个重要参数，它反映了显示器各像素点对输入信号反应的速度，即当像素点在接收到驱动信号后从最亮到最暗的转换时间。

DisplayX 是一款小巧的显示器常规检测和液晶显示器坏点、延迟时间检测软件，它可以在微软 Windows 全系列操作系统中正常运行。

【例 3-5】使用 DisplayX 软件检测显示器性能。
🎬视频

step 1 启动 DisplayX 程序，在菜单中选择【常规完全测试】选项。

step 2 首先进入的界面是对比度检测界面。在此界面中调节亮度，让色块都能显示出来并且亮度不同，确保黑色不变灰，每个色块都能显示出来。

step 3 进入对比度(高)检测，能分清每个黑色和白色区域的显示器为上品。

step 4 进入灰度检测，测试显示器的灰度还原能力，看到的颜色过渡越平滑越好。

step 5 进入 256 级灰度，测试显示器的灰度还原能力，最好让色块全部显示出来。

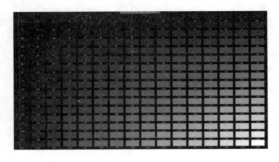

step 6 进入呼吸效应检测，单击鼠标，当画面在黑色和白色之间过渡时，如果看到画面边界有明显的抖动，则不好，不抖动则为好。

step 7 进入几何形状检测，调节控制台的几何形状，确保不变形。

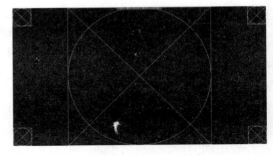

step 8 测试 CRT 显示器的聚焦能力时，需要特别注意四个边角的文字，四角各位置的文字越清晰越好。

step 9 进入纯色检测，主要用于测试 LCD 坏点。共有黑、红、绿、蓝等多种纯色显示，用户可以很方便地查出坏点。

step 10 进入交错检测，用于查看显示器效果的干扰。

step ⑪ 进入锐利检测，即最后一项检测。好的显示器可以分清边缘的每一条线。通过以上

操作，即可完成使用 DisplayX 软件进行显示屏测试的操作。

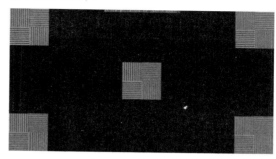

3.3　硬件驱动管理——驱动精灵

驱动精灵是一款优秀的驱动程序管理专家，它不仅能够快速而准确地检测计算机中的硬件设备，为硬件寻找最佳匹配的驱动程序，而且还可以通过在线更新，及时地升级硬件驱动程序。另外，它还可以快速地提取、备份以及还原硬件设备的驱动程序，在简化了原本烦琐操作的同时也极大地提高了工作效率，是用户解决系统驱动程序问题的好帮手。

3.3.1　检测和升级驱动程序

驱动精灵具有检测和升级驱动程序的功能。用户可以方便快捷地通过网络为硬件找到匹配的驱动程序并为驱动程序升级，从而免除手动查找驱动程序的麻烦。

【例 3-6】 使用"驱动精灵"安装驱动程序。
📹 视频

step ① 要使用"驱动精灵"软件来管理驱动程序，首先要安装驱动精灵。用户可通过网络来下载并进行安装，该软件的下载网址为http://www.drivergenius.com。

step ② 启动"驱动精灵"程序后，单击软件主界面中的【立即检测】按钮，将开始自动检测计算机的软硬件信息。

step ③ 检测完成后，进入软件的主界面，单击【驱动管理】标签，可以打开该页面，检测到已安装的驱动程序列表。

step ④ 如果有驱动程序未安装，可以单击程序选项后的【安装】按钮，此时软件开始联网下载该驱动。

step 5 接下来，在打开的驱动程序安装向导中，单击【下一步】按钮。

step 6 最后，驱动程序的安装程序将引导计算机重新启动，根据需要选中对应的单选按钮，单击【完成】按钮。

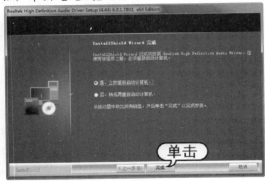

3.3.2 备份与恢复驱动程序

"驱动精灵"还具有备份驱动程序的功能，用户可使用"驱动精灵"方便地备份硬件驱动程序，以保证在驱动程序丢失或更新失败时，可以通过备份方便地进行还原。

1. 备份驱动程序

用户可以参考下面介绍的方法，使用"驱动精灵"软件备份驱动程序。

【例3-7】使用"驱动精灵"备份驱动程序。 视频

step 1 启动"驱动精灵"程序后，在其主界

面中单击【驱动管理】标签，然后在驱动程序选项右侧单击下拉按钮，在弹出的菜单中选择【备份】选项。

step 2 打开【驱动备份还原】对话框，单击【一键备份】按钮。

step 3 开始备份选中的驱动程序并显示备份进度。

step 4 驱动程序备份完成后，"驱动精灵"程序将显示以下界面，提示已完成指定驱动程序的备份。

2. 还原驱动程序

如果用户备份了驱动程序，那么当驱动程序出错或更新失败而导致硬件不能正常运行时，就可以使用"驱动精灵"的还原功能来恢复驱动程序。

启动"驱动精灵"程序后，在其主界面中单击【驱动管理】标签，然后在驱动程序选项右侧单击下拉按钮，在弹出的菜单中选择【还原】选项。

打开【驱动备份还原】对话框，选中需要还原的驱动前面的复选框，然后单击【还原】按钮，还原完成后，重新启动计算机即可完成操作。

3.4　系统硬件检测工具——鲁大师

鲁大师是一款专业的硬件检测工具，它能轻松辨别计算机硬件的真伪，主要功能包括查看计算机配置、实时检测硬件温度、测试计算机性能以及计算机驱动的安装与备份等。

3.4.1　检测硬件配置

鲁大师自带的硬件检测功能是最常用的硬件检测方式，它不仅检测准确而且还可以对整个计算机的硬件信息(包括 CPU、显卡、内存、主板和硬盘等核心硬件的品牌型号)进行全面查看。

【例 3-8】使用"鲁大师"硬件检测工具，检测并查看当前计算机的硬件详细信息。 ▶视频

step 1 下载并安装"鲁大师"软件，然后启动该软件，将自动检测计算机硬件信息。

step 2 在"鲁大师"软件的界面左侧，单击

【硬件健康】按钮，在打开的界面中将显示硬件的制造信息。

step 3 单击软件界面左侧的【处理器信息】按钮，在打开的界面中可以查看 CPU 的详细信息，如处理器的类型、速度、生产工艺、插槽类型、缓存以及处理器特征等。

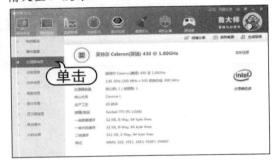

step 4 单击软件界面左侧的【主板信息】按钮，显示计算机主板的详细信息，包括型号、芯片组、BIOS 版本和制造日期等。

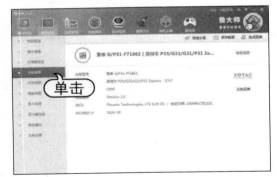

step 5 单击软件界面左侧的【内存信息】按钮，显示计算机内存的详细信息，包括制造日期、型号和序列号等。

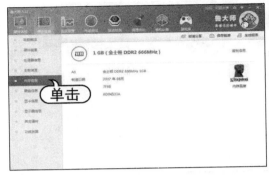

step 6 单击软件界面左侧的【硬盘信息】按钮，显示计算机硬盘的详细信息，包括产品型号、容量大小、转速、缓存、使用次数、数据传输率等。

step 7 单击软件界面左侧的【显卡信息】按钮，显示计算机显卡的详细信息，包括显卡型号、显存大小、制造商等。

step 8 单击软件界面左侧的【显示器信息】按钮，显示显示器的详细信息，包括产品型号、显示器平面尺寸等。

step 9 单击软件界面左侧的【其他硬件】按钮，显示计算机网卡、声卡、键盘、鼠标的详细信息。

step 10 单击软件界面左侧的【功耗估算】按钮，显示计算机各硬件的功耗信息。

3.4.2　硬件性能测试

　　用户想要知道计算机能够胜任哪方面的工作，如适用于办公、玩游戏、看高清视频等，可通过"鲁大师"对计算机进行性能测试。其具体操作如下。

【例 3-9】使用"鲁大师"测试并查看当前计算机的性能。 📹视频

step 1 启动"鲁大师"软件，然后关闭除"鲁大师"以外的所有正在运行的程序，单击其工作界面上方的【性能检测】按钮，默认选择【电脑性能检测】选项卡，单击【开始评测】按钮。

step 2 此时，软件将依次对处理器、显卡、内存以及磁盘的性能进行评测。

step 3 测试完成后，计算机会得到一个综合性能评分。此时，选择【综合性能排行榜】选项卡便可查看自己计算机的排名情况。

3.4.3　硬件温度管理

　　"鲁大师"的"温度管理"功能包括温度检测和节能降温两部分内容。通过温度监

控中显示的各类硬件温度的变化曲线图表，可以让用户了解当前的硬件温度是否正常；节能降温功能则可以节约计算机工作时消耗的电量，同时，也能避免硬件在高温工作下出现损坏的情况。

【例 3-10】使用"鲁大师"进行硬件的温度测试。

🔘 视频

step 1 启动"鲁大师"软件，单击【温度管理】按钮，选择【温度监控】选项卡，单击【温度压力测试】按钮。

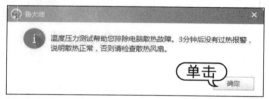

step 2 弹出提示框，单击【确定】按钮。

step 3 进行温度压力测试，屏幕显示动画。

step 4 返回初始界面，单击【温度管理】按钮，默认选择【温度监控】选项卡，在展开的界面中显示了当前计算机的散热情况。

step 5 在【资源占用】栏中显示了 CPU 和内存的使用情况，单击右上角的【优化内存】链接，鲁大师将自动优化计算机的物理内存，使其达到最佳运行状态。

step 6 选择【节能降温】选项卡，其中提供了全面节能和智能降温两种模式，选中【全面节能】单选按钮，单击【节能设置】|【设置】链接。

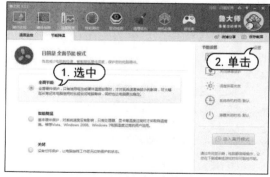

step 7 打开【鲁大师设置中心】对话框，在【节能降温】选项卡里选中【根据检测到的显示器类型，自动启用合适的节能墙纸】复选框，单击【关闭】按钮。

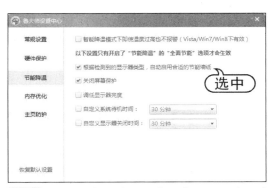

已开启。

step 8 返回【节能降温】选项卡，此时在【节能设置】选项中，【启用节能墙纸】选项显示

3.5　案例演练

本章的案例演练是使用 PerformanceTest 软件测试硬件等几个具体的案例操作，用户通过练习从而巩固本章所学知识。

3.5.1　使用 PerformanceTest

PerformanceTest 是一个专门用来测试计算机性能的测试程序。软件总共包含多种独立的测试项目，其总共包含六大类：CPU 浮点运算器测试、标准的 2D 图形性能测试、3D 图形性能测试、磁盘文件的读取/写入及搜寻测试、内存测试等。

【例 3-11】使用 PerformanceTest 软件测试计算机硬件。 视频

step 1 启动 PerformanceTest，单击左侧的【系统信息】按钮 。

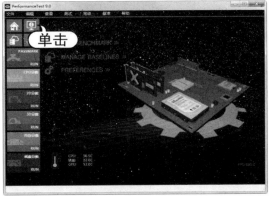

step 2 此时显示计算机各个硬件如 CPU、显卡、内存、硬盘等参数信息。

step 3 单击左侧的【CPU 分数】按钮，显示 CPU 评分界面。

step 4 单击【CPU 评分】下面的 RUN 按钮即可开始检测 CPU 各项参数，并对 CPU 进行测评。

step 5 单击左侧的 PASSMARK 按钮，显示 PASSMARK 分数界面，单击【PassMark 分数】下的 RUN 按钮即可开始检测全部系统硬件，并对系统进行测评。

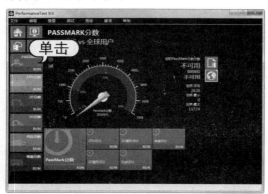

step 6 测评完毕后，选择【文件】|【将结果保存为图片】命令。

step 7 打开【另存为图片】对话框，设置保存的路径和格式，单击【保存】按钮。

step 8 打开该保存图片，显示评测结果。

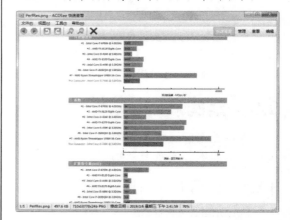

3.5.2 使用鲁大师管理驱动程序

【例 3-12】使用鲁大师管理计算机驱动程序。

🔑 视频

step 1 启动鲁大师软件，单击【驱动检测】按钮。

step 2 打开【360 驱动大师】窗口，在【驱动安装】选项卡内显示无须更新以及需要升级的驱动程序，可以单击驱动程序选项后面的【升级】按钮进行升级操作。

step 3 首先对该驱动程序进行备份，可以防止升级驱动程序后发生不兼容现象时，可以还原原始驱动程序。

step 4 然后开始联网下载最新的驱动程序，显示下载进度条。

step 5 下载完毕后，开始安装更新的驱动程序，显示安装进度条。

step 6 驱动程序安装完毕后，单击【重新启动】按钮重启系统。

step 7 单击【驱动管理】按钮，在【驱动备份】选项卡中，选中需要备份的驱动程序前的复选框，然后单击【备份】按钮。

step 8 弹出对话框，显示备份完毕，可以单击【查看备份目录】按钮。

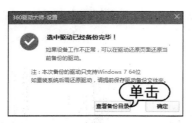

step 9 打开备份目录文件夹,查看备份的驱动程序。

step 10 选择【驱动还原】选项卡,单击可还原驱动程序后面的【还原】按钮,即可还原已备份的驱动程序。

step 11 选择【驱动卸载】选项卡,单击驱

动程序后面的【卸载】按钮可以卸载该驱动程序。

step 12 弹出对话框,单击【确定】按钮。

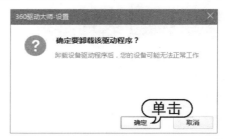

step 13 卸载完毕后,单击弹出对话框中的【确认】按钮。

第4章

文件管理软件

随着文件的逐渐增多，文件管理工作也会变得越来越烦琐。使用文件管理软件，可以有效地管理各种复杂的文件，帮助用户压缩和保护各种不同的文件，提高使用计算机的效率。

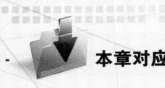 **本章对应视频**

4.1 文件压缩软件——WinRAR

在使用计算机的过程中，经常会碰到一些体积比较大的文件或者是比较零碎的文件，这些文件放在计算机中会占据比较大的空间，也不利于计算机中文件的整理。此时，可以使用WinRAR将这些文件压缩，以便管理和查看。

4.1.1 文件的管理

文件是操作系统管理数据的最基本单位，当大量文件充斥于计算机中时，会给用户查找、使用、编辑文件以及管理计算机带来很大的困扰。因此文件越多，就越需要用户对文件进行合理有效的管理

文件管理对用户使用计算机有重要的意义。对计算机而言，文件管理就是对文件存储空间进行组织、分配和回收，对文件进行存储、检索、共享和保护；对用户而言，文件管理则是将各种数据文件分类管理，以便查找、使用、修改文件等。

在了解文件管理这一概念时，需要了解文件在计算机中存储的特点，以及文件的分类方式等。

1. 文件在计算机中存储的特点

在计算机系统中，所有的数据都是以文件的形式存在的。操作系统本身的文件也不例外。了解文件在计算机中存储的特点，有助于用户合理地管理这些文件。

➤ 文件名的唯一性：在同一磁盘的同一目录下，不允许出现相同的文件名。

➤ 文件的可修改性：在有权限的情况下，用户可以对文件进行添加、修改、删除数据等操作，也可以删除文件。

➤ 文件的可移动性：文件可以被存储在磁盘、光盘和U盘等存储介质中，并且可以实现文件在计算机和存储介质之间的相互复制，也可以实现文件在计算机和计算机之间的相互复制。

➤ 文件位置的固定性：文件在磁盘中存储的位置是固定的。在一些情况下，需要给出文件的存储路径，从而告诉程序和用户该文件的位置。

2. 文件的分类

计算机中的文件可以分为两大类，一类是没有经过编译和加密的、由字符和序列组成的文件，称作文本类文件，包括记事本的文档、网页、网页样式表等；而另一类则是经过软件编译或加密的文件，被称作二进制文件，包括各种可执行程序、图像、声音、视频等文件。

当需要规划文件具体的用途时，可能会涉及更详细的文件分类，以更有效、方便地组织和管理文件。

在 Windows 中常用的文件扩展名及其表示的文件类型如下表所示。

扩展名	文件类型
avi	视频文件
bak	备份文件
bat	批处理文件
bmp	位图文件
exe	可执行文件
dat	数据文件
dcx	传真文件
dll	动态链接库
doc	Word 文件
drv	驱动程序文件
fon	字体文件
hlp	帮助文件
inf	信息文件
mid	乐器数字接口文件
mmf	mail 文件
rtf	文本格式文件
scr	屏幕文件

（续表）

扩展名	文件类型
ttf	TrueType 字体文件
txt	文本文件
wav	声音文件

　　了解文件在计算机中的存储特点和文件常见的分类方法是对文件进行管理的基础。

4.1.2　压缩文件

　　WinRAR 是目前最流行的一款文件压缩软件，其界面友好、使用方便，能够创建自释放文件，修复损坏的压缩文件，并支持加密功能。使用 WinRAR 压缩文件有两种方法：一种是通过 WinRAR 的主界面来压缩；另一种是直接使用右键快捷菜单来压缩。

1. 通过 WinRAR 主界面压缩

　　本节通过一个具体实例介绍如何通过 WinRAR 的主界面压缩文件。

【例 4-1】使用 WinRAR 将多个文件压缩成一个文件。　视频

step 1　选择【开始】|【所有程序】|WinRAR| WinRAR 命令。

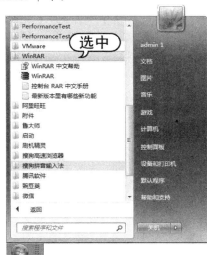

step 2　打开 WinRAR 程序的主界面。选择要压缩的文件夹的路径，然后在下面的列表中选中要压缩的多个文件，单击工具栏中的【添加】按钮。

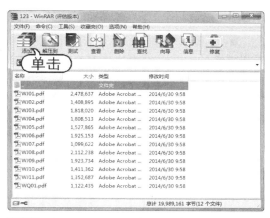

step 3　打开【压缩文件名和参数】对话框，在【压缩文件名】文本框中输入"我的收藏"，然后单击【确定】按钮，即可开始压缩文件。

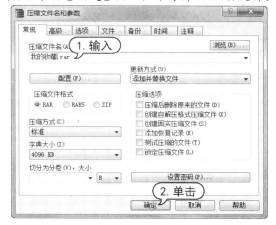

4.1.3　解压缩文件

　　在【压缩文件名和参数】对话框的【常规】选项卡中有【压缩文件名】【压缩文件格式】【压缩方式】【字典大小】【切分为分卷，大小】【更新方式】和【压缩选项】几个选项，它们的含义分别如下。

▶　【压缩文件名】：单击【浏览】按钮，可选择一个已经存在的压缩文件。此时，WinRAR 会将新添加的文件压缩到这个已经存在的压缩文件中。另外，用户还可输入新的压缩文件名。

▶　【压缩文件格式】：选择 RAR 格式可得到较大的压缩率，选择 ZIP 格式可得到较快的压缩速度。

> ▶ 【压缩方式】：选择标准选项即可。

> ▶ 【切分为分卷，大小】：当把一个较大的文件分成几部分来压缩时，可在这里指定每一部分文件的大小。

> ▶ 【更新方式】：选择压缩文件的更新方式。

> ▶ 【压缩选项】：可进行多项选择。例如，压缩完成后是否删除源文件等。

2. 通过右键快捷菜单压缩文件

WinRAR 成功安装后，系统会自动在右键快捷菜单中添加压缩和解压缩文件的命令，以方便用户使用。

【例 4-2】使用右键快捷菜单将多本电子书压缩为一个压缩文件。📹视频

step 1 打开要压缩的文件所在的文件夹。按 Ctrl+A 组合键选中这些文件，然后在选中的文件上右击，在打开的快捷菜单中选择【添加到压缩文件】命令。

step 2 在打开的【压缩文件名和参数】对话框中输入"PDF 备份"，单击【确定】按钮，即可开始压缩文件。

4.1.4 管理压缩文件

在创建压缩文件时，可能会遗漏需要压缩的文件或多选了无须压缩的文件。这时可以使用 WinRAR 管理文件，无须重新进行压缩操作，只需在原有已压缩好的文件里添加或删除即可。

step 1 双击压缩文件，打开 WinRAR 界面，单击【添加】按钮。

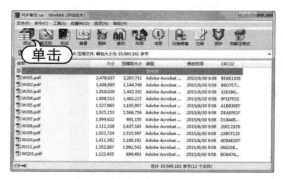

step 2 打开【请选择要添加的文件】对话框。选择需要添加到压缩文件中的电子书，然后单击【确定】按钮。打开【压缩文件名和参数】对话框。

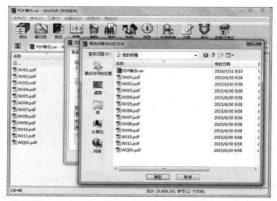

step 3 继续单击【确定】按钮，即可将文件添加到压缩文件中。

step 4 如果要删除压缩文件中的文件，在 WinRAR 界面中选中要删除的文件，单击【删除】按钮即可。

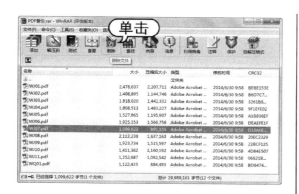

4.1.5　加密压缩包文件

完成压缩文件后，如果不想让其他人看到压缩文件里面的内容，可以使用 WinRAR 压缩软件为压缩文件添加密码。

【例4-3】 设置压缩包文件密码。 视频

step 1 双击压缩包文件，在打开的压缩包的界面中，选择要设置密码的文件夹，单击【添加】按钮。

step 2 打开【请选择要添加的文件】对话框，选择要设置密码的文件夹，单击【确定】按钮。

step 3 打开【压缩文件名和参数】对话框。选择【常规】选项卡，单击【设置密码】按钮。

step 4 打开【输入密码】对话框，在【输入密码】和【再次输入密码以确认】文本框中输入密码，单击【确定】按钮。

step 5 返回【压缩文件名和参数】对话框，单击【确定】按钮。完成密码设置。

step 6 再次打开此压缩包文件时，打开【输入密码】对话框，输入密码，单击【确定】按钮即可查看文件。

4.2 文档加密和解密软件

本节介绍常用的加密和解密软件。

4.2.1 使用 Word 文档加密器

使用 Word 文档加密器可以保护 Word 文档，防止编辑，防止复制，防止打印。

【例4-4】使用 Word 文档加密器。●视频

step 1 启动【Word 文档加密器】程序，在弹出的对话框中单击【选择待加密文件】按钮。

step 2 打开【打开】对话框，选择需要加密的 Word 文档，单击【打开】按钮。

step 3 返回【Word 文档加密器】对话框，在【指定加密密钥】文本框中输入密码，选中下方的【非绑定模式】单选按钮，选择加密模式，然后单击【加密】按钮。

step 4 打开提示框，单击 OK 按钮。

step 5 打开文件所在路径，双击加密后的文档，打开【请输入阅读密码】对话框，复制【机器码】文本框中的编码。

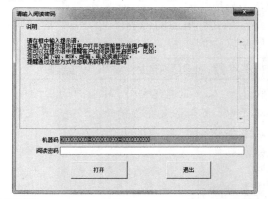

step 6 返回【Word 文档加密器】对话框。选择【创建阅读密码】选项卡，在【指定加密时使用的加密密钥】文本框中，输入密码。在【指定需要授权的用户电脑的机器码】文本框中，粘贴刚才复制的编码，然后单击【创建阅读密码】按钮，复制下方【阅读密码为】文本框中的密码。

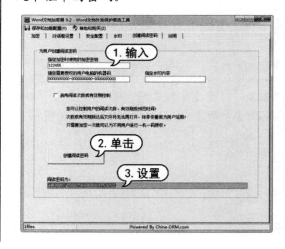

step 7 返回【请输入阅读密码】对话框，在【阅读密码】文本框中粘贴刚才复制的密码，单击【打开】按钮。

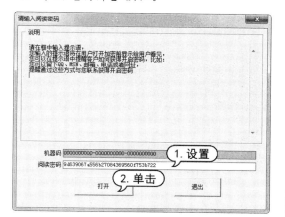

step 8 此时，即可打开此加密文档。

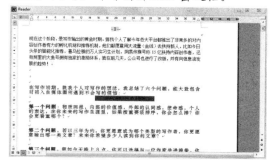

4.2.2　解密 Word 文档

如果用户忘记了 Word 文档的密码，可以通过 Office Password Recovery 工具进行解密。Office Password Recovery 是一款可以很快地破解 Word、Excel 和 Access 文档密码的工具。

【例 4-5】通过 Office Password Recovery 软件解密 Word 文档。 🎬视频

step 1 启动 Office Password Recovery 程序，打开界面，单击【打开 Microsoft Office 文件并恢复密码】按钮。

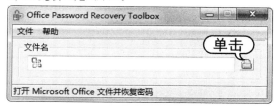

step 2 打开【打开】对话框，选中需要解密的 Word 文档，单击【打开】按钮。

step 3 在打开的对话框中，查看 Word 文档的密码设置，本例设置了"打开"密码，单击【移除密码】按钮。

step 4 弹出对话框，单击【确定】按钮。

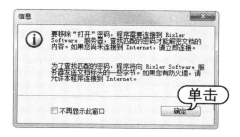

step 5 程序进入自动解密操作，等待几分钟后，将显示被破解的 Word 文档的打开密码。

4.2.3　解密 Excel 工作簿

Passware Kit 是一个密码恢复工具合集，将所有的密码恢复模块全部集成到一个主程序中。恢复文件密码时，只需启动主程序。凡是所支持的文件格式，都可以自动识别并调用内部相应的密码恢复模块，用户可以使用它解密 Excel 电子表格文档。

【例 4-6】通过 Passware Kit 软件解密 Excel 工作簿。 ●视频

step 1 启动 Passware Kit 程序，在打开的对话框中单击【恢复文件密码】链接。

step 2 在打开的【打开】对话框中，选中需要解密的工作簿，单击【打开】按钮。

step 3 初次运行该软件，需要设置基本参数。单击【运行破解向导】链接。

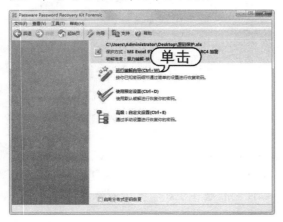

step 4 打开【密码信息】窗格，选中【一个字典单词】单选按钮，单击【下一步】按钮。

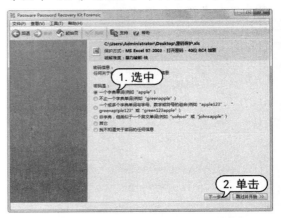

step 5 打开【选择字典】窗格，选中 Arabic 单选按钮，单击【下一步】按钮。

step 6 打开【字典破解设置】窗格，设置密码长度，单击【完成】按钮。

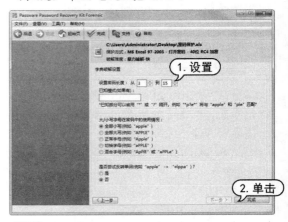

step 7 打开【破解进度】窗格，即可查看破

解进度。

step 8 解密完成后，即可显示密码。

4.2.4　解密 PDF 文档

　　PDF Password Cracker 是一个专门破解加密 PDF 文件的实用工具。破解后的 PDF 文件可以用各种 PDF 阅读器打开。

step 1 启动 PDF Password Cracker 程序，在打开的 PDF Password Cracker 对话框中单击【加载】按钮。

step 2 打开【打开】对话框，选择需要解密的 PDF 文档，单击【打开】按钮。

step 3 返回 PDF Password Cracker 对话框，设置破解参数，单击【开始】按钮。

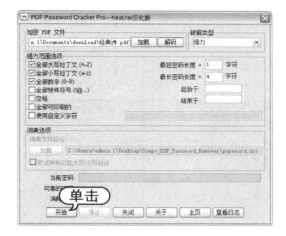

step 4 软件开始测试密码，稍等片刻。测试完毕，在对话框中显示解密出的密码。

4.3 文件管理和恢复软件——EasyRecovery

EasyRecovery 是世界著名的数据恢复公司 Ontrack 的技术杰作，是一个威力强大的硬盘数据恢复工具。能够帮用户恢复丢失的数据及重建文件系统。EasyRecovery 不会向原始驱动器写入任何东西，它主要是在内存中重建文件分区表使数据能够安全地传输到其他驱动器中。

4.3.1 恢复被删除的文件

EasyRecovery 是功能非常强大的硬盘数据恢复工具，该软件的主要功能包括磁盘诊断、数据恢复、文件修复和 E-mail 修复等，能够帮助用户恢复丢失的数据以及重建文件系统。

在使用计算机的过程中，用户若删除了有用的文件，可以使用 EasyRecovery 软件恢复系统中被删除的文件，具体步骤如下。

【例 4-7】通过 EasyRecovery 软件恢复被删除的文件。 视频

step 1 启动 EasyRecovery 程序，打开初始界面，默认全选恢复内容，单击【下一个】按钮。

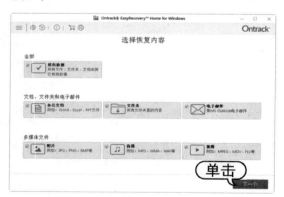

step 2 打开【选择位置】对话框，选择需要执行删除文件恢复的驱动器后，单击【扫描】按钮。

step 3 完成扫描后弹出对话框，单击【关闭】按钮。

step 4 在左侧的【树状视图】目录中选择曾被删除的文件所在位置，然后在右侧选择文件，比如选择一张图片，单击【恢复】按钮。

step⑤ 打开【恢复】对话框,单击【浏览】按钮。

step⑥ 打开【打开目录】对话框,选择一个用于保存恢复文件的文件夹,然后单击【选择】按钮。

step⑦ 返回【恢复】对话框,单击【开始保存】按钮。

step⑧ 此时开始恢复文件的过程,如下图所示。恢复完毕后,可以在保存恢复文件的文件夹内找到恢复的文件。

4.3.2 恢复【我的文档】文件

【我的文档】文件夹是计算机默认存放下载和接收文件的文件夹,如果误删除该文件夹中的文件,可以使用 EasyRecovery 软件进行恢复操作。

【例4-8】通过 EasyRecovery 软件恢复【我的文档】中的文件。 ●▶视频

step① 启动 EasyRecovery 程序,打开【选择位置】对话框,选中【我的文档】复选框,然后单击【扫描】按钮。

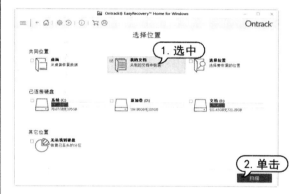

step② 完成扫描后弹出对话框,单击【关闭】按钮。

step③ 选择全部内容,单击【恢复】按钮。

step④ 打开【恢复】对话框，设置保存位置，然后单击【开始保存】按钮。

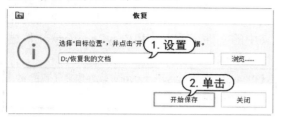

step⑤ 此时开始恢复【我的文档】中的文件的过程。

step⑥ 恢复完毕后，在保存位置打开恢复的【我的文档】文件夹的内容。

4.3.3 恢复硬盘分区

EasyRecovery软件能通过已丢失或已删除分区的引导扇区等数据恢复硬盘的丢失分区，并重新建立分区表。出现分区丢失的状况时，无论是误删除造成的分区丢失，还是病毒原因造成的分区丢失，都可以尝试通过本功能恢复。

step① 启动EasyRecovery程序，打开【选择位置】对话框，选中【无法找到硬盘】复选框，然后单击【扫描】按钮。

step② 在打开的对话框中选择硬盘，单击【搜索】按钮。

step③ 此时开始搜索硬盘内的分区，查找到的分区将显示在【已查找到的分区】栏中，如果未显示分区，可以单击【深度扫描】按钮进行扫描。

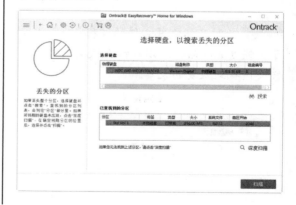

4.4 文件管理器——Total Commander

Total Commander 以其使用方便、功能强大、稳定可靠闻名界内，是一款功能强大的全能文件管理软件。

4.4.1 压缩解压缩文件

Total Commander 提供一般的文件操作，如搜索、复制、移动、改名、删除等功能应有尽有，更有文件内容比较、同步文件夹、批量重命名文件、分割合并文件、创建/检查文件校验(MD5/SFV) 等实用功能。

Total Commander 内置 ZIP/TAR/GZ/TGZ 格式的压缩/解压功能，ZIP 格式还支持创建加密及自解包功能。此外，不仅可以直接打开(解开) ARJ/CAB/RAR/LZH/ACE/UC2 等压缩包，配合插件或相应的压缩程序，还可创建这些格式的压缩包，就像创建和打开文件夹一样简单。

【例 4-9】使用 Total Commander 压缩和解压缩文件。▶视频

step 1 启动 Total Commander 程序，显示其界面。

step 2 单击窗口左侧列表中的 c 盘下拉按钮，选择 d 盘。

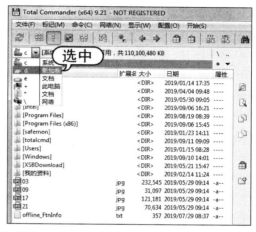

step 3 选中【电子书】文件夹，单击菜单栏下的【压缩文件】按钮。

step 4 打开【压缩文件】对话框，选中 ZIP 单选按钮，然后单击【确定】按钮。

step 5 此时开始进行压缩，显示进度条。

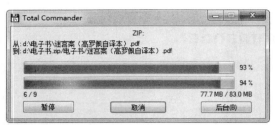

step 6 压缩完毕后,显示压缩文件(压缩在 d 盘目录下)。

step 7 单击窗口左侧列表中的 c 盘下拉按钮,选择 e 盘。

step 8 单击窗口底部的【新建文件夹】按钮。

step 9 打开【新建文件夹】对话框,输入文件夹名称,然后单击【确定】按钮。

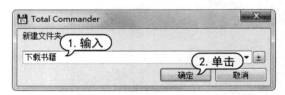

step 10 将窗口左侧列表中的【电子书】压缩文件拖曳到窗口右侧列表中的【下载书籍】文件夹上。

step 11 打开对话框,单击【确定】按钮即可复制并移动该压缩文件。

step 12 双击打开【下载书籍】文件夹，选择【电子书】压缩文件，单击【解压缩文件】按钮。

step 13 打开【配置】对话框，保持默认选项，单击【确定】按钮。

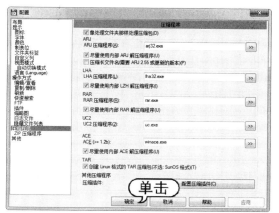

step 14 打开【解压缩文件】对话框，设置解压缩文件的目录，单击【确定】按钮。

step 15 解压缩完毕后，将在目录中显示解压缩文件。

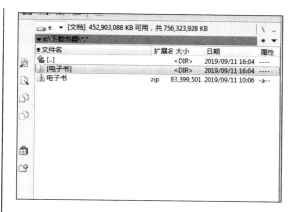

4.4.2 批量重命名文件

Total Commander 的文件改名功能十分强大，可以批量修改扩展名、在文件名称中加上数字、转换大小写、替换指定的字符、把目录名或当前的日期时间加入文件名中。由于使用了占位符，使用者可以精确地控制在第几个字符上使用上面这些设置。修改结果立即显示在相应文件名后面，直到单击【开始】按钮才真正对文件修改，修改后仍可以随时撤销。

【例 4-10】使用 Total Commander 批量重命名文件。🎬视频

step 1 启动 Total Commander 程序，选择窗口左侧列表，双击打开 d 盘下的【witcher】文件夹。

step 2 选择文件夹内的所有文件，单击【批量重命名】按钮。

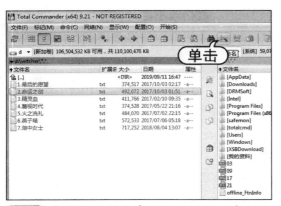

备传送文件，我们常常需要将大文件分割成多个小文件，本节介绍使用 Total Commander 拆分和合并文件的方法。

【例 4-11】使用 Total Commander 拆分和合并文件。 视频

step 3 打开【批量重命名】对话框，在【重命名规则：文件名】文本框内输入"00[C]"，窗口中显示新名称，然后单击【开始】按钮。

step 1 启动 Total Commander 程序，选择窗口左侧列表，选择 d 盘下的【电子书】压缩文件。

step 4 单击【关闭】按钮关闭对话框，返回主界面，显示【witcher】文件夹下的所有文件均已改名。

step 2 在菜单栏上选择【文件】|【拆分文件】命令。

4.4.3 拆分和合并文件

有时为了方便通过互联网或移动存储设

step 3 打开【拆分】对话框，输入拆分到的文件夹目录，【单个文件大小】设置为【1.44MB】，然后单击【确定】按钮。

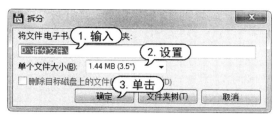

step 4 拆分成功后，在弹出对话框中单击【确定】按钮。

step 5 打开【拆分文件】文件夹，选择第一个文件。

step 6 在菜单栏上选择【文件】|【合并文件】命令。

step 7 打开【合并】对话框，输入合并到的文件夹目录，然后单击【确定】按钮。

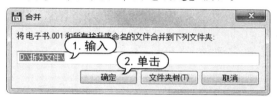

step 8 合并完毕后，单击【确定】按钮。

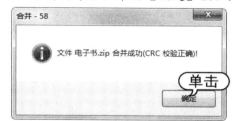

step 9 打开所在目录，显示合并后的文件。

4.5　光盘刻录软件——Nero Burning ROM

在日常工作中经常需要将一些重要资料刻录成光盘，以方便保存或者邮寄，此时就需要用到光盘刻录软件。Nero Burning ROM 是一款非常实用的光盘刻录软件，可以实现在 CD 或 DVD 上存储数据、音乐和视频文件等功能，是刻录光盘的好帮手。

4.5.1　将文件刻录到光盘

要刻录光盘，首先计算机要有刻录光驱，将一张可读写的空白光盘放入刻录机后，启动 Nero 软件，就可以开始刻录光盘了。

【例 4-12】使用 Nero Burning ROM 将"学习资料"文件夹中的内容刻录到光盘中。 🔴 视频

step 1 启动 Nero Burning ROM 软件，自动打开【新编辑】对话框，在左上角的下拉列表框中选择 DVD 选项。

step 2 单击【标签】标签，打开【标签】选项卡，在【自动】区域的【光盘名称】文本框中输入光盘的名称"学习资料"，然后单击【添加日期】按钮。

step 3 打开【日期】对话框，然后选中【使用当前日期】单选按钮，单击【确定】按钮。

step 4 返回【新编辑】对话框，然后单击对话框下方的【新建】按钮。

step 5 返回 Nero Burning ROM 的主界面。在右侧的浏览框中选中需要刻录的文件，然后将选中的文件拖至界面中间的【名称】选项组中。

step 6 文件全部拖动完成后，单击【刻录】按钮。

step 7 打开【刻录编译】对话框，选中【写入】复选框，设置写入速度和写入方式，然后单击【刻录】按钮。

step 8 开始刻录光盘，同时在窗口中显示了刻录进度。

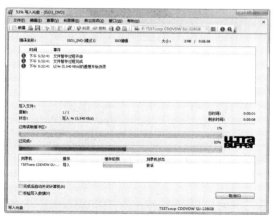

step 9 刻录完成后，打开刻录完毕对话框，单击【确定】按钮，完成刻录。

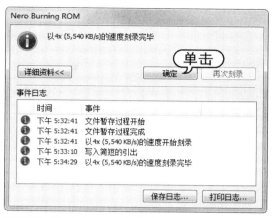

step 10 将刻录好的光盘在刻录光驱中打开，显示光盘所用容量。

4.5.2　刻录 ISO 光盘

　　ISO 文件其实就是光盘的映像文件，刻录软件可以直接把 ISO 文件刻录成可安装的系统光盘，ISO 文件一般以 iso 为扩展名。将一张可读写的空白光盘放入刻录机后，启动 Nero 软件，就可以开始刻录 ISO 光盘了。

step 1 启动 Nero Burning ROM 软件，自动打开【新编辑】对话框，选中【ISO】标签，单击【打开】按钮。

step 2 打开【打开】对话框,选择 ISO 文件,此处为 Office 的安装文件。

step 3 打开【刻录编译】对话框,保持默认选项,单击【刻录】按钮。

step 4 开始刻录光盘,同时在窗口中显示了刻录进度。

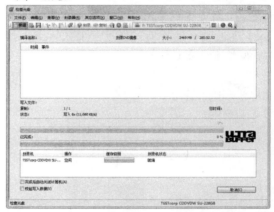

4.6 案例演练

本章的案例演练包括分卷压缩文件和解压到指定目录两个实例操作,用户通过练习从而巩固本章所学知识。

4.6.1 分卷压缩文件

在一些论坛中对上传的文件大小都有限制。如果用户想上传一个大小为 20MB 的文件到论坛中,而论坛限制每个文件大小为 5MB,此时则可以用 WinRAR 实现分卷压缩。下面介绍分卷压缩文件的方法。

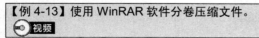

step 1 选择【开始】|【所有程序】|WinRAR|WinRAR 命令。

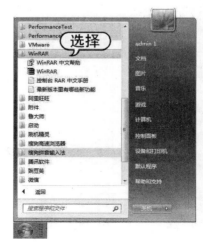

step 2　打开 WinRAR 程序的主界面。选择要压缩的文件的路径，然后在下面的列表中选中要压缩的文件，单击工具栏中的【添加】按钮。

step 3　打开【压缩文件名和参数】对话框后，在【压缩为分卷，大小】文本框中，输入分卷文件大小"5MB"，单击【确定】按钮。

step 4　软件开始分卷压缩文件，显示进度条。

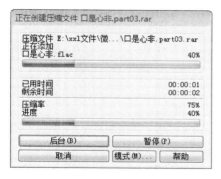

step 5　在默认的保存位置中查看压缩好的分卷压缩文件。

step 6　打开保存位置的文件夹，右击其中一个分卷压缩文件，在弹出的快捷菜单中选择【解压到　口是心非】命令，进行解压。

step 7　解压完毕后，生成文件夹，双击打开文件夹，显示出所有分卷压缩文件都解压为一个原始文件。

4.6.2 解压到指定目录

使用 WinRAR 工具软件可以让压缩文件解压到指定的目录,从而方便用户查看。

【例 4-14】使用 WinRAR 软件将文件解压到指定目录。 ●视频

step 1 在计算机中找到压缩文件,右击该压缩文件,在打开的快捷菜单中选择【解压文件】命令。

step 2 打开【解压路径和选项】对话框。切换到【常规】选项卡,然后在解压路径列表框中选择解压的指定目录,单击【确定】按钮。

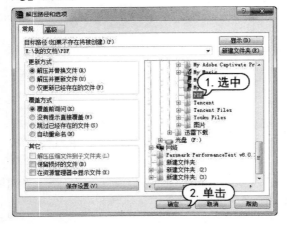

step 3 打开对话框显示解压文件的进度。

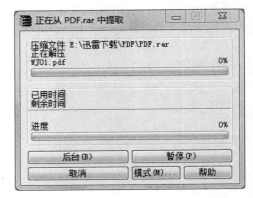

step 4 展开解压文件的指定目录,即可看到解压后的文件。

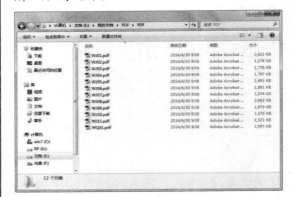

第 5 章

学习和办公软件

通过学习 WPS、Adobe Reader、搜狗拼音输入法、有道词典等工具软件的使用方法，用户可以方便快捷地进行办公和阅读各种文档及电子书。本章将介绍办公学习类软件的使用方法及技巧。

 本章对应视频

5.1　输入法软件——搜狗拼音

搜狗拼音输入法(简称搜狗输入法、搜狗拼音)是 2006 年 6 月由搜狐公司推出的一款 Windows 平台下的汉字拼音输入法，已推出多个版本。搜狗拼音输入法是基于搜索引擎技术的、特别适合网民使用的、新一代的输入法产品，用户可以通过互联网备份自己的个性化词库和配置信息。

5.1.1　搜狗拼音输入法的特点

搜狗拼音输入法是目前国内主流的拼音输入法之一。它采用了搜索引擎技术，与传统输入法相比，输入速度有了质的飞跃。在词库的广度、词语的准确度上，都远远领先于其他输入法。

搜狗拼音输入法具有以下特点。

▶ 网络新词：搜狐公司将网络新词作为搜狗拼音最大优势之一。鉴于搜狐公司同时开发搜索引擎的优势，搜狐声称在软件开发过程中分析了 40 亿网页，将字、词组按照使用频率重新排列。在官方首页上还有搜狐制作的同类产品首选字准确率对比。搜狗拼音的这一设计在一定程度上提高了打字的速度。

▶ 快速更新：不同于许多输入法依靠升级来更新词库的办法，搜狗拼音采用不定时在线更新的办法。这减少了用户自己造词的时间。

▶ 整合符号：这项功能，其他一些同类产品中也可实现。但搜狗拼音将许多符号表情也整合进词库，如输入 haha 得到^_^。另外还提供一些用户自定义的缩写。例如，输入 QQ，则显示"我的 QQ 号是×××××
×"等。

▶ 笔画输入：输入时以 u 作引导可实现以 h(横)、s(竖)、p(撇)、n(捺)，d(点)、t(提)等笔画结构输入字符。值得一提的是，竖心的笔顺是点点竖(dds)，而不是竖点点。

▶ 手写输入：搜狗拼音输入法支持扩展模块，联合开心逍遥笔增加手写输入功能。

当用户按 u 键时，拼音输入区会出现"打开手写输入"的提示，或者查找候选字超过两页也会提示。单击可打开手写输入(如果用户未安装，单击会打开扩展功能管理器，可以单击【安装】按钮在线安装)。该功能可帮助用户快速输入生字，极大地增加了用户的输入体验。

▶ 输入统计：搜狗拼音提供了统计用户输入字数和打字速度的功能。但每次更新都会清零。

▶ 输入法登录：可以使用输入法登录功能登录搜狗、搜狐、chinaren 等网站。

▶ 个性输入：用户可以选择多种精彩皮肤。最新版本按 i 键可开启快速换肤。

▶ 细胞词库：细胞词库是搜狗首创的、开放共享、可在线升级的细分化词库功能。细胞词库包括但不限于专业词库，通过选取合适的细胞词库，搜狗拼音输入法可以覆盖几乎所有的中文词汇。

5.1.2　输入单个汉字

使用搜狗拼音输入法输入单个汉字时，可以使用简拼输入方式，也可以使用全拼输入方式。

例如，用户要输入一个汉字"和"，可按 H 键，此时输入法会自动显示首个拼音为 h 的所有汉字，并将最常用的汉字显示在前面。

另外用户还可使用全拼输入方式，直接输入拼音 he。此时，"和"字位于第一个位置，直接按空格键即可完成输入。

如果用户要输入英文，在输入拼音后直接按 Enter 键即可输入相应的英文。

5.1.3　输入词组

搜狗拼音输入法具有丰富的专业词库，并能根据最新的网络流行语更新词库，极大地方便了用户的输入。

例如，用户要输入一个词组"天空"，可按 T、K 两个键。

此时，输入法会自动显示首个拼音字母为 t 和 k 的所有词组，并将最常用的汉字显示在前面，如下图所示。此时，用户按数字 3，即可输入"天空"。

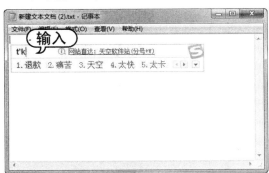

搜狗拼音输入法丰富的专业词库可以帮助用户快速地输入一些专业词汇，如股票

基金、计算机名词、医学大全和诗词名句大全等。另外，对于一些游戏爱好者，还提供了专门的游戏词库。下面利用诗词名句大全词库来输入一首古诗。

【例 5-1】使用搜狗拼音输入法输入古诗。　视频

step 1　启动记事本程序，切换至搜狗拼音输入法。

step 2　依次输入古诗第一句话的前 4 个字的声母：c、q、m、y。此时，在输入法的候选词语中出现诗句"床前明月光"。

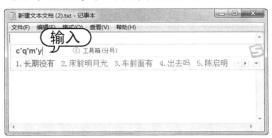

step 3　直接按数字键 2，即可输入该句。按下 Enter 键换行。

step 4　然后输入古诗第二句的前 4 个字的声母：y、s、d、s。此时，在输入法的候选词语中出现诗句"疑是地上霜"。直接按下数字键 2，输入该句。

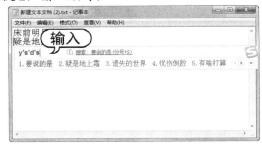

step 5　按照同样的方法输入古诗的后两句。

5.1.4 输入符号

使用搜狗拼音输入法可以输入多种特殊符号,如三角形(△▲)、五角星(☆★)、对钩(√)、叉号(×)等。如果每次输入这种符号都要去特殊符号库中寻找,未免过于麻烦,其实用户只要输入这些特殊符号的名称就可快速输入相应的符号了。

例如,用户要输入★,可直接输入拼音wjx,然后在候选词语中即可显示★符号。用户直接按数字键5即可完成输入。

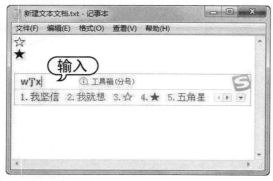

5.1.5 使用 V 模式

使用 V 模式可以快速输入英文,另外可以快速输入中文数字。当用户直接输入字母 v 时,会显示如下图所示的提示。

▶ 中文数字金额大小写:输入 v126.45,可得如下结果:"一百二十六元四角五分"或者"壹佰贰拾陆元肆角伍分"。

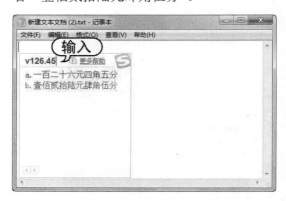

▶ 输入罗马数字(99 以内):输入 v56,可得到多个结果,包括中文数字的大小写等,其中可选择需要的罗马数字。

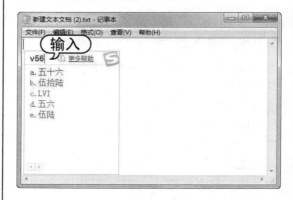

▶ 日期自动转换:输入 v2019-5-4,可快速将其转换为相应的日期格式,包括星期几。

▶ 计算结果快速输入:搜狗拼音输入法还提供了简单的数字计算功能。例如,输入"v7+5*6+47",将得到算式和结果。

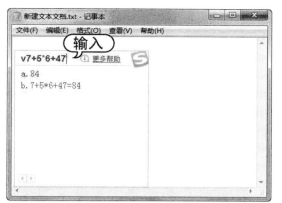

▶ 简单函数计算：搜狗拼音输入法还提供了简单的函数计算功能。例如，输入 vsqrt88，将得到数字 88 的开平方计算结果。

5.1.6　笔画输入法

笔画输入法是目前最简单易学的一种汉字输入法。对于不懂汉语拼音，而又希望在最短时间内学会电脑打字，以快速进入电脑实际应用阶段的新手用户来说，使用笔画输入法是一条不错的捷径。

搜狗拼音输入法自带了笔画输入法功能。在搜狗拼音输入法状态下，按下键盘上的字母键 U，即可开启笔画输入状态。

1. 笔画输入法的 5 种笔画分类

笔画是汉字结构的最低层次，根据书写方向将其归纳为以下 5 类。

▶ 从左到右(一)的笔画为横。

▶ 从上到下(丨)的笔画为竖。

▶ 从右上到左下(丿)的笔画为撇。

▶ 从左上到右下(丶)的笔画为捺和点。

▶ 带转折弯钩的笔画(乙或乛)为折。

2. 5 个笔画分类的说明

笔画输入法中 5 种基本笔画包含的范围说明如下。

▶ 横："一"，包括"提"笔。

▶ 竖："丨"，包括"竖左钩"。例如，"直"字的第二笔一样的笔画也是竖。

▶ 撇："丿"，从右上到左下的笔画都算撇。

▶ 捺和点："丶"，从左上到右下的都归为点，不论是捺还是点。

▶ 折："乙或乛"，除竖左钩外所有带折的笔画都算折。特别注意以下 3 种也属于折："横钩""竖右钩"和"弯钩"。

3. 搜狗拼音输入法中对应的按键

在搜狗拼音输入法中，5 种笔画对应的键盘按键如下。

▶ (一)横：对应字母键 H 或小键盘上的数字键 1。

▶ (丨)竖：对应字母键 S 或小键盘上的数字键 2。

▶ (丿)撇：对应字母键 P 或小键盘上的数字键 3。

▶ (丶)捺和点：对应字母键 N 或小键盘上的数字键 4。

▶ (乙或乛)折：对应字母键 Z 或小键盘上的数字键 5。

4. 常见的难点偏旁和难点字

常见的难点偏旁有以下这些。

▶ 竖心旁(如"情")：点、点、竖。

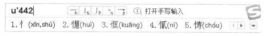

▶ 雨字头(如"雪")：横、竖、折、竖、点。

▶ 臼字头(如"舅")：撇、竖、横、折、横、横。

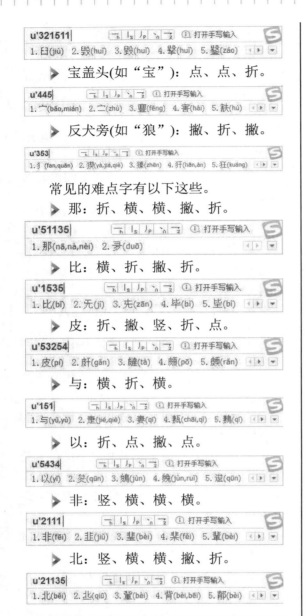

> 宝盖头(如"宝"):点、点、折。

> 反犬旁(如"狼"):撇、折、撇。

常见的难点字有以下这些。

> 那:折、横、横、撇、折。

> 比:横、折、撇、折。

> 皮:折、撇、竖、折、点。

> 与:横、折、横。

> 以:折、点、撇、点。

> 非:竖、横、横、横。

> 北:竖、横、横、撇、折。

5.1.7 手写输入

除了笔画输入法以外,还可以使用另一种更加简便的输入方式:手写输入。它类似于用笔在纸上写字,只不过"笔"被换成了鼠标,"纸"被换成了屏幕上的写字板区域。

搜狗拼音输入法带有手写输入的附加功能,该功能需要用户自行安装。

在搜狗拼音输入法状态下,按下 U 键,打开如下图所示的界面,然后单击【打开手

写输入】链接。

如果用户的计算机中尚未安装手写输入插件,则单击该链接后,会自动安装该插件。安装完成后会打开【手写输入】界面。

在【手写输入】界面中,中间最大的区域是手写区域,右上部是预览区域,右下部是候选字区域。

左下角有两个按钮。

> 【退一笔】按钮:单击该按钮可撤销上一笔的输入。

> 【重写】按钮:单击该按钮,可清空手写区域。

用户若要输入汉字,可先将光标定位在输入点,然后使用鼠标在【手写输入】面板中书写汉字。书写完成后,在【手写输入】界面的右上角会显示与书写者"写入"的汉字最接近的一个汉字,直接单击该汉字即可完成该汉字的输入。

在界面的右中间部分会显示与书写者输入汉字比较接近的多个汉字,供用户选择。

搜狗拼音输入法的手写功能具有很高的识别率，即使是书写者的字迹比较潦草，也可很好地识别。但是为了提高输入效率，在书写时应尽量工整。

5.2 翻译软件——有道词典

有道词典是由网易有道出品的全球首款基于搜索引擎技术的全能免费语言翻译软件，为全年龄段学习人群提供优质顺畅的查词翻译服务。

5.2.1 查询中英文单词

有道词典是目前最流行的英语翻译软件之一。该软件可以实现中英文互译、单词发声、屏幕取词、定时更新词库以及生词本辅助学习等功能，是不可多得的实用软件。

【例 5-2】使用有道词典查询中英文单词。 ◎视频

step 1 启动"有道词典"翻译软件，在输入栏内输入要查询的英文单词 sky，即可显示该单词的意思和与其相关的词语。

step 2 在下方选择不同词典的选项卡，如选择【新牛津】，可在下面查看权威词典中的单词释义。

step 3 选择【例句】选项卡，可在下面看到相关单词的例句说明。

step 4 在输入文本框中输入汉字"丰富"，则系统会自动显示"丰富"的英文单词和与"丰富"相关的汉语词组。

step 5 选择【例句】选项卡，可在下面看到相关单词的例句说明。

step 6 当需要查询法语、日语等其他语言的互译时，可以单击【自动检测语言】下拉按钮，选择其他语言互译选项。

5.2.2 整句翻译

在有道词典的主界面中,单击【翻译】按钮,可打开翻译界面,在该界面中可进行中英文整句完整互译。

例如,在下面的文本框中输入"我们一起去上学",然后单击【翻译】按钮,即可在下方自动将该句翻译成英文。

单击【逐句对照】按钮,可以在英文翻译上面显示中文原句,这样在多个句子翻译的时候比较方便。

5.2.3 屏幕取词

有道词典的屏幕取词功能是非常人性化的一个附加功能。只要将鼠标指针指向屏幕中的任何中、英字词,有道词典就会出现浮动的取词条。用户可以方便地看到单词的音标、注释等相关内容。

将鼠标指针放在需要翻译的词语上,软件即可自动进行翻译,并打开翻译信息,在网页中如果遇到需要翻译的、稍长的词句,可以通过拖动选择需要翻译的词句,停止选取后,"有道词典"将自动打开翻译的内容。

5.2.4 使用单词本

"有道词典"翻译软件还为用户提供了单词本的功能,可以将遇到的生词放入单词本,以便以后记忆,其具体操作如下。

【例 5-3】使用"有道词典"的单词本。 🎬视频

step 1 启动"有道词典"翻译软件,输入要加入单词本的单词,单击【加入单词本】按钮☆。

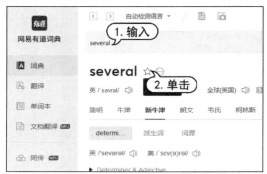

step 2 再次单击【加入单词本】按钮，打开【编辑单词】对话框。可以在其中对单词的音标和解释等进行设置。

step 3 单击界面左侧的【单词本】按钮，进入单词本界面，显示加入的单词。

step 4 单击【卡片】按钮，显示为卡片状态。

step 5 单击【复习】按钮，在该界面中如果不单击【查看释义】按钮将不显示单词的翻译，单击【记得】按钮可以完成该单词的复习。

step 6 单击【更多功能】按钮✿，选择【偏好设置】命令，打开【单词本设置】对话框。在其中可以对相关选项进行设置。

5.2.5　文档翻译

"有道词典"提供整篇文档的翻译功能，包括 pdf、doc、docx 等格式的文档。

【例 5-4】使用"有道词典"翻译 docx 格式的文档。
🔘 视频

step 1 启动"有道词典"翻译软件，单击【文档翻译】按钮，然后单击【选择文档】按钮。

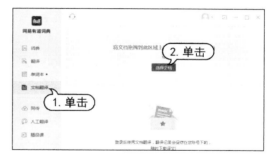

N1

step 2 打开【选择文档】对话框,选择 docx
格式的文档,单击【打开】按钮。

step 3 打开【文档翻译】对话框,保持中文
翻译成英文的默认设置,单击【翻译文档】
按钮。

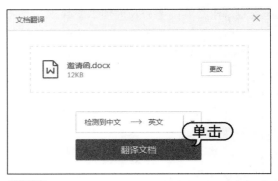

step 4 进行整篇文档的翻译,翻译完毕后界
面左侧显示原文,右侧显示英文翻译。

5.3 办公软件——WPS Office

WPS Office 是由金山软件股份有限公司自主研发的一款办公软件套装,可以实现办公软
件最常用的文字、表格、演示等多种功能。支持阅读和输出 PDF 文件、全面兼容微软 Office
97-2016 格式,覆盖 Windows、Linux、Android、iOS 等多个平台。

5.3.1 WPS 文字处理

打开 WPS Office 2019,单击界面左侧的
【新建】按钮。

打开【新建】标签页,提供了【文档】
【表格】【演示】【流程图】【思维导图】几大
版块的使用,要进行文字处理可以在【文档】
选项卡下单击【空白文档】按钮。

此时即可创建一个空白文档,如下图所示。

如果单击其他模板选项按钮，则可以打开模板下载界面，单击【立即下载】按钮可以从网络上下载模板，创建该模板生成的WPS文档。

1. 输入和编辑文本

输入文本是 WPS Office 的一项基本操作。新建一个文档后，在文档的开始位置将出现一个闪烁的光标，称为"插入点"。在文档中输入的任何文本都会在插入点处出现。定位了插入点的位置后，选择一种输入法即可开始文本的输入。按 Enter 键，可以另起一行继续输入。

文档录入过程中，通常需要对文本进行选取、复制、移动、删除等操作。熟练地掌握这些基本操作，可以节省大量的时间，提高文档编辑工作的效率。

选择文本既可以使用鼠标，也可以使用键盘，还可以结合鼠标和键盘进行选择。使

用鼠标选择文本是最基本、最常用的方法。使用鼠标可以轻松地改变插入点的位置，因此使用鼠标选择文本十分方便。使用鼠标拖动选择：将鼠标指针定位在起始位置，按住鼠标左键不放，向目标位置拖动鼠标以选择文本。

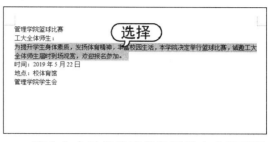

移动文本是指将当前位置的文本移到另外的位置，在移动的同时，会删除原来位置上的原版文本。移动文本后，原位置的文本消失。选择需要移动的文本，在【开始】选项卡的【剪贴板】组中单击【剪切】按钮，在目标位置处单击【粘贴】按钮。

文本的复制是指将要复制的文本移动到其他的位置，而原版文本仍然保留在原来的位置。在【剪贴板】组中单击【复制】按钮，将插入点移到目标位置处，单击【粘贴】按钮。单击【粘贴】右侧的下拉按钮将弹出菜单，用户可以选择多种粘贴方式。

选择文本，按 Backspace 键或 Delete 键均可删除所选文本。对于一些常用的字体格式，用户可直接通过【开始】选项卡的【字体】组进行设置。

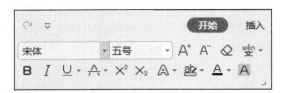

或者单击【字体】组中的 按钮，打开【字体】对话框进行设置。

2. 编辑段落

段落是构成整个文档的骨架，它是由正文、图表和图形等加上一个段落标记构成的。为了使文档的结构更清晰、层次更分明，可对段落格式进行设置。

段落对齐指文档边缘的对齐方式，包括两端对齐、左对齐、右对齐、居中对齐和分散对齐。设置段落对齐方式时，先选定要对齐的段落，或将插入点移到新段落的开始位置，然后可以通过单击【开始】选项卡【段落】组(或浮动工具栏)中的相应按钮来实现。

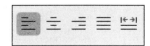

也可以在【段落】对话框中选择【对齐方式】下拉列表中的选项来实现。

段落缩进是指段落中的文本与页边距之间的距离，使用【段落】对话框可以准确地设置缩进尺寸。

打开【段落】对话框的【缩进和间距】选项卡，在【行距】下拉列表中选择所需的选项，并在【设置值】微调框中输入值，可以重新设置行间距；在【段前】和【段后】微调框中输入值，可以设置段间距。

3. 添加项目符号和编号

合理使用项目符号和编号，可以使文档的层次结构更清晰、更有条理。WPS Office提供了多种添加项目符号和编号的方法。

要添加项目符号，首先选取要添加项目符号的段落，打开【开始】选项卡，在【段落】组中单击【项目符号】按钮 ，将自动在每一段落前面添加项目符号。

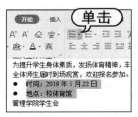

单击【编号】按钮，将以"1.""2.""3."的形式编号。

在使用项目符号和编号功能时，除了可以使用系统自带的项目符号和编号样式外，还可以自定义项目符号和编号。

选取项目符号段落，打开【开始】选项卡，在【段落】组中单击【项目符号】旁的下拉按钮，从弹出的下拉列表中选择【自定义项目符号】命令。

打开【项目符号和编号】对话框，在【项目符号】选项卡中选择一个选项，单击【自定义】按钮。

打开【自定义项目符号列表】对话框，单击【字符】按钮。

打开【符号】对话框，可从中选择合适的符号作为项目符号。

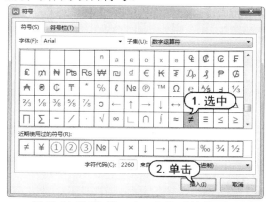

选取编号段落，打开【开始】选项卡，在【段落】组中单击【编号】旁的下拉按钮，从弹出的下拉列表中选择【自定义编号】命令。

打开【项目符号和编号】对话框，在【编

号】选项卡中选择一个选项，单击【自定义】按钮。

打开【自定义编号列表】对话框，在【编号样式】下拉列表中选择一个编号选项。

单击【高级】按钮打开扩展部分，设置编号位置、文字位置等高级选项。

5.3.2 制作电子表格

用户要在 WPS 中创建电子表格，可以单击界面左侧的【新建】按钮，在【表格】标签下单击【空白表格】按钮，此时即可创建一个空白工作簿。

如果单击其他模板选项按钮，则可以打开模板下载界面，单击【立即下载】按钮，可以从网络上下载模板，创建该模板生成的工作簿。

1. 工作表和单元格

电子表格文档主要由 3 部分组成，分别是工作簿、工作表和单元格，工作簿是用来处理和存储数据的文件。新建的表格文件就是一个工作簿，它可以由一个或多个工作表组成。

工作表是 WPS 中用于存储和处理数据的主要区域，在 WPS 中，用户可以通过单击 ✚ 按钮，创建工作表，工作表名称默认为 Sheet1、Sheet2、Sheet3...以此类推下去。

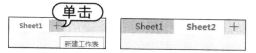

单元格是工作表中的最基本单位，对数据的操作都是在单元格中完成的。单元格的位置由行号和列标来确定，每一行的行号由 1、2、3 等数字表示；每一列的列标由 A、B、C 等字母表示。行与列的交叉形成一个单元格。

单元格区域是一组被选中的相邻或分离的单元格。单元格区域被选中后，所选范围内的单元格都会高亮度显示，取消选中状态后又恢复原样，如下图所示为选中 B2:D6 单元格区域。

在编辑表格的过程中，有时需要对单元

格进行合并或者是拆分操作，以方便用户对单元格的编辑。

【例 5-5】 合并和拆分表格中的单元格。 📹 视频

step 1 启动 WPS Office，新建一个工作簿，然后输入表格文本。

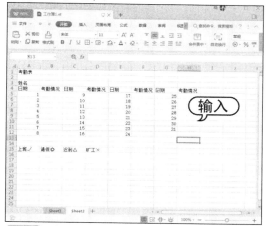

step 2 选中表格中的 A1：H2 单元格区域。

step 3 选择【开始】选项卡，单击【合并居中】按钮，此时，选中的单元格区域将合并为一个单元格，其中的内容将自动居中。

step 4 选定 B3:H3 单元格区域，单击【合并居中】旁的下拉按钮，从弹出的下拉菜单中选择【合并单元格】命令。

step 5 此时，即可将B3:H3 单元格区域合并为一个单元格。

step 6 拆分单元格是合并单元格的逆操作，只有合并后的单元格才能够进行拆分。选择B3:H3 单元格区域，单击【合并居中】旁的下拉按钮，从弹出的下拉菜单中选择【取消合并单元格】命令即可将已经合并的单元格拆分为合并前的状态。

2. 填充表格数据

当需要在连续的单元格中输入相同或者有规律的数据(等差或等比)时，可以使用WPS 提供的填充数据功能来实现。

选定单元格或单元格区域时会出现一个黑色边框的选区，此时选区右下角会出现一个控制柄，将鼠标光标移动至它的上方时会变成➕形状，通过拖动该控制柄可实现数据的快速填充。

填充有规律的数据的方法为：在起始单元格中输入起始数据，在第二个单元格中输入第二个数据，然后选择这两个单元格，将鼠标光标移动到选区右下角的控制柄上，拖动鼠标左键至所需位置，最后释放鼠标即可根据第一个单元格和第二个单元格中数据间的关系自动填充数据。

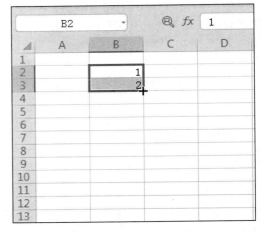

3. 套用表格样式

WPS 提供了几十种表格样式，为用户格式化表格提供了丰富的选择方案。选中数据表中的任意单元格后，在【开始】选项卡中单击【表格样式】下拉按钮，从弹出的列表中选择一个表格样式选项。

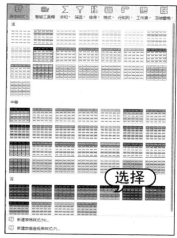

打开【套用表格样式】对话框，确认引用的单元格范围，单击【确定】按钮。

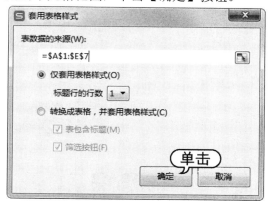

此时表格将应用选择的样式。

1月份B客户销售（出货）汇总表				
项目	本月	本月计划	去年同期	当年累计
销量	12	15	18	12
销售收入	33.12	36	41.72	33.12
毛利	3.65	5.5	34.8	3.65
维护费用	1.23	2	1.8	1.23
税前利润	2.12	2.1	2.34	2.12

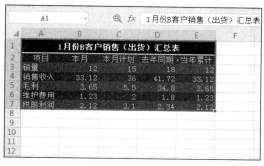

4. 使用公式和函数

公式是对工作表中的数据进行计算和操作的等式，函数是运用一些称为参数的特定数据值按特定的顺序或者结构进行计算的公式。

任何函数和公式都以"="开头，输入"="后，Excel 会自动将其后的内容作为公式处理。函数以函数名称开始，其参数则以"("开始，以")"结束。每个函数必定对应一对括号。函数中还可以包含其他的函数，即函数的嵌套使用。在多层函数嵌套使用时，尤其要注意一个函数一定要对应一对括号。","用于在函数中将各个函数区分开。

WPS 提供的内置函数包括财务函数、日期与时间函数、数学与三角函数、统计函数、查找与引用函数、数据库函数、文本函数、逻辑函数、信息函数和工程函数等。

【例 5-6】插入求和函数计算销售总额。

视频+素材 (素材文件\第 05 章\例 5-6)

step 1 启动 WPS Office，新建一个工作簿，然后输入表格文本。

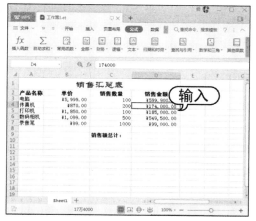

step 2 选定 D9 单元格,然后打开【公式】选项卡,单击【插入函数】按钮,打开【插入函数】对话框,在【选择函数】列表框中选择 SUM 函数,单击【确定】按钮。

step 3 打开【函数参数】对话框,单击【数值 1】文本框右侧的按钮。

step 4 返回到工作表中,选中要求和的单元格区域,这里选中 D3:D7 单元格区域,然后单击按钮。

step 5 返回【函数参数】对话框,单击【确定】按钮。此时,利用求和函数计算出 D3:D7 单元格中所有数据的和,并显示在 D9 单元格中。

5.3.3 制作演示

用户要在 WPS 中制作演示,可以单击界面左侧的【新建】按钮,在【演示】标签下单击【空白演示】按钮。此时即可创建一个空白演示。

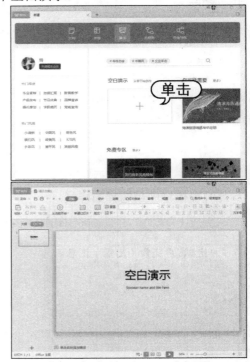

1. 添加幻灯片和文本

在创建演示后，会自动建立一张新的幻灯片，随着制作过程的推进，需要在演示中添加更多的幻灯片。打开【开始】选项卡，单击【新建幻灯片】按钮，即可插入一张默认版式的幻灯片。

在制作演示时，如果需要重新排列幻灯片的顺序，就需要移动幻灯片。直接用鼠标对幻灯片进行选择拖动，可以实现幻灯片的移动。

在制作演示时，有时需要两张内容基本相同的幻灯片。此时，可以利用幻灯片的复制功能，复制出一张相同的幻灯片，然后对其进行适当的修改。复制幻灯片的方法如下：选中需要复制的幻灯片，在【开始】选项卡的【剪贴板】组中单击【复制】按钮，然后在需要插入幻灯片的位置单击，然后单击【粘贴】按钮。

WPS 不能直接在幻灯片中输入文字，只能通过占位符或文本框来添加文本。大多数幻灯片的版式中都提供了文本占位符，这种占位符中预设了文字的属性和样式，供用户添加标题文字、项目文字等。

【例5-7】在幻灯片中输入文本。
🔘 视频+素材 (素材文件\第05章\例5-7)

---

step 1 启动 WPS Office，新建一个空白演示，在上方的占位符中输入"夕阳下的景色"，设置其字体为【华文琥珀】，字形为【阴影】；在下方的占位符中输入文字"天净沙 秋思"，设置其字体为【幼圆】，字号为 24，对齐方式为【居中】。

step 2 打开【开始】选项卡，单击【新建幻灯片】按钮，新建一张幻灯片，在占位符中输入文本并设置格式。

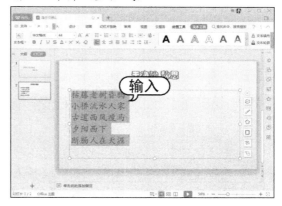

2. 添加多媒体

如果幻灯片中只有文本会显得单调，WPS 支持在幻灯片中插入各种多媒体元素，包括艺术字、图片、声音和视频等，来丰富幻灯片的内容。

打开【插入】选项卡，单击【艺术字】按钮，在弹出的下拉列表中选择需要的样式，可以在幻灯片中插入艺术字。

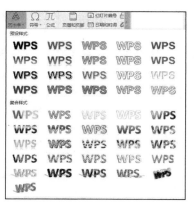

单击【表格】按钮,在弹出的下拉列表中选择表格的行列数,或者选择【插入表格】命令打开对话框设置表格,即可在幻灯片中插入表格。

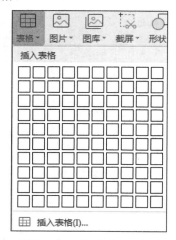

单击【图片】下拉按钮,在弹出的下拉列表中选择【来自文件】命令,打开【插入图片】对话框,选择相应图片,单击【打开】按钮,即可在幻灯片中插入图片。

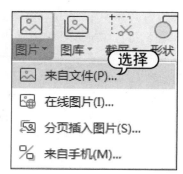

单击【音频】【视频】、Flash 按钮,可以如插入图片的步骤一样选择相应音频、视频、Flash 动画等多媒体文件,插入幻灯片中。

3. 设置幻灯片动画

幻灯片切换动画效果是指一张幻灯片如何从屏幕上消失,以及另一张幻灯片如何显示在屏幕上的方式。要为幻灯片添加切换动画,可以打开【动画】选项卡,选择幻灯片后,单击切换动画下拉按钮,在下拉列表中选择切换动画。

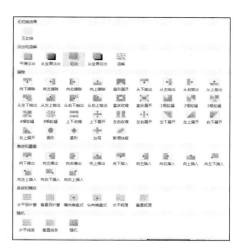

单击【动画】选项卡中的【切换效果】按钮，打开【幻灯片切换】窗格，可以设置切换动画效果的声音、速度、换片方式等选项。

5.3.4 制作流程图和思维导图

使用 WPS Office 可以制作简单的流程图和思维导图，创建的方法和前面创建文档、表格等方法一致，单击界面左侧的【新建】按钮，在【流程图】标签下单击流程图的模板选项，显示模板内容，单击【使用此模板】按钮即可。

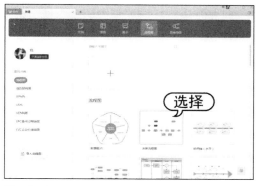

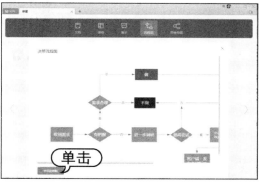

如下图所示为创建思维导图的方法。

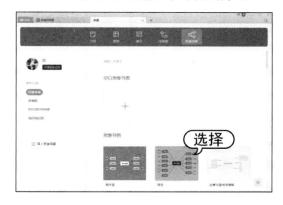

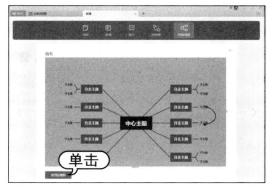

创建完毕后，选项卡中的命令按钮提供了多种形状和图案，用来编辑流程图和思维导图。

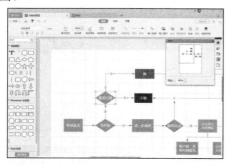

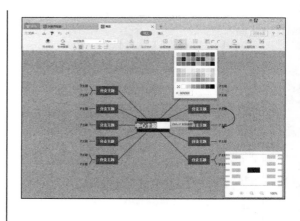

5.4 阅读 PDF——Adobe Reader

PDF 全称为 Portable Document Format，译为可移植文档格式，是一种电子文件格式。要阅读该种格式的文档，需要特有的阅读工具，即 Adobe Reader。Adobe Reader 是美国 Adobe 公司开发的一款优秀的 PDF 文档阅读软件，除了可以完成电子书的阅读外，还增加了朗读、阅读 eBook 及管理 PDF 文档等多种功能。

5.4.1 阅读 PDF 文档

通过 PDF 可以把文档的文本、格式、链接、图形图像、声音等所有信息整合在一个特殊的文件中。现在该文档已经成为新一代电子文本的行业标准。使用 Adobe Reader 可以阅读 PDF 文档。

启动 Adobe Reader 软件，在 Adobe Reader 的操作界面中，选择【文件】|【打开】命令，打开【打开】对话框，在【查找范围】下拉列表框中设置路径，选择文档的存储位置，在列表框中选择要打开的文档，单击【打开】按钮，即可打开该文档，进行阅读。

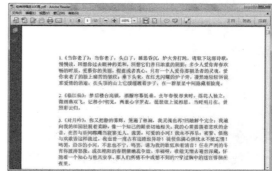

单击 Adobe Reader 操作界面左侧导览窗格中的【页面缩略图】按钮，在显示的文档中再次单击需要阅读的文档缩略图，即可快速打开指定的页面并在浏览区中进行阅

读。单击导览窗格中的【关闭】按钮，关闭导览窗格。

然后单击工具栏中【缩放】按钮右侧的下拉按钮，在打开的下拉列表中选择所需要的缩放比例后，便可在浏览区中放大显示文档内容。

单击工具栏中的【下一页】按钮，即可翻到下一页，阅读文档内容。

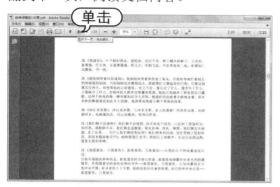

5.4.2　选择和复制内容

使用 Adobe Reader 阅读 PDF 文档时，可以选择和复制其中的文本及图像，然后将其粘贴到 Word 和记事本等文字处理软件中。下面介绍两种常用的 PDF 文档的选择和复制方法。

➤　选择和复制部分文档：在 Adobe Reader 软件中打开要编辑的 PDF 文档后，将鼠标移至 Adobe Reader 的文档浏览区，当其变为 I 形状时，在需要选择文本的起始点单击并进行拖动，到达目标位置后再释放鼠标，此时光标变为 形状。选择【编辑】|【复制】命令，或按 Ctrl+C 组合键。打开文字处理软件，按 Ctrl+V 组合键，即可将所选文档复制到文字处理软件中。

➤　选择和复制全部文档：在 Adobe Reader 软件中打开要编辑的 PDF 文档后，选择【编辑】|【全部选定】命令或按 Ctrl+A 组合键，选择全部文档内容。选择【编辑】|【复制】命令，或按 Ctrl+C 组合键，然后打开文字处理软件，按 Ctrl+V 组合键，即可将全部文档复制到文字处理软件中。

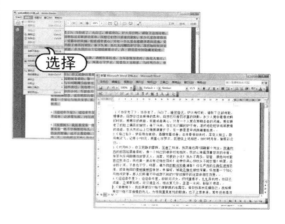

5.4.3 使用朗读功能

Adobe Reader 拥有语音朗读功能，而且操作十分方便，该功能对于有特殊需求的用户是非常有用的。

将插入点定位至需要朗读文本所在的段落中，然后在菜单栏中选择【视图】|【朗读】|【启用朗读】命令。

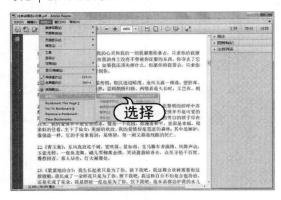

此时，在页面上将出现矩形框，框中的内容将会被朗读。

在菜单栏中，选择【视图】|【朗读】|【仅朗读本页】命令，软件将自动朗读从插入点所在页的开始至结尾的所有文档内容。

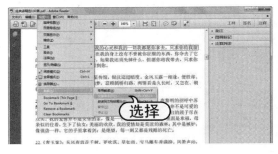

在菜单栏中选择【视图】|【朗读】|【朗读到文档结尾处】命令，或者直接按下 Shift+Ctrl+B 组合键。软件将自动朗读从插入点所在页开始至文档结尾的所有内容。

> **知识点滴**
>
> 在朗读文档时，使用 Ctrl+Shift+C 组合键可暂停和启动朗读功能。在朗读过程中，当需要停止朗读时，可选择【视图】|【朗读】|【停用朗读】命令或按 Ctrl+Shift+V 组合键，即可停用该功能。

5.5 阅读电子书——iRead

iRead 是一款流行和具有极佳阅读体验的阅读器、电子书制作工具和读书平台，支持 txt、epub、pdf 文档的阅读、转换和制作。iRead 软件主要包含 iRead 书房、iRead 阅读器、iAuthor 制作等几个系列套件。

iRead 支持模拟真书翻页，使用 iRead，它的完美翻页阅读、书页效果、灯光模式、书签、便条、批注以及听书、做书、评书、书房等多重元素会带给人们无与伦比的真书感受和超越纸质书的独特美妙体验。

使用 iRead 阅读书籍时，首先要了解该软件所支持的文件格式。目前其所支持的格式包括：ib3、epub、pdf、txt、ibk、ibc 等。

在【开始】菜单中选择【所有程序】|【iRead】|【iRead 书房】命令。

打开 iRead 书房，显示书架上的书籍。

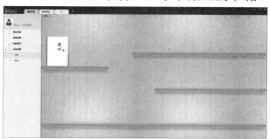

双击书籍，即可打开该书开始阅读。通过拖动进行翻页。

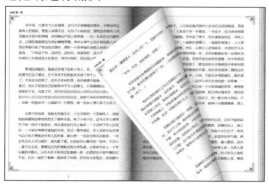

右击任意位置，可打开菜单栏进行设置。

如果要在书架上新添书籍，可以在书架空白处右击鼠标，在弹出的快捷菜单中选择【添加书籍】命令。

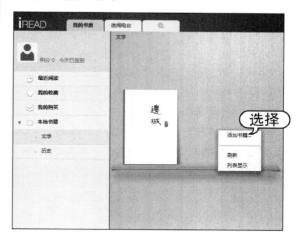

打开对话框，选择合适格式的文档，单击【打开】按钮即可添加书籍。

用户可拥有多个书架，每个书架可增加多个不同的分组，书籍排列可分宽、窄、重叠方式，每本书籍都可自由地拖动和排列；每个书架都可定制不同的风格和框架。

5.6 案例演练

本章的案例演练是使用 WPS Office 在演示中插入音频和视频这个实例操作，用户通过练习从而巩固本章所学知识。

【例 5-8】在演示中插入音频和视频。

📹视频+素材 (素材文件\第 05 章\例 5-8)

step 1 启动 WPS Office，打开【夕阳下的景

色】演示，选择第 1 张幻灯片缩略图。打开【插入】选项卡，单击【音频】下拉按钮，在弹出的下拉菜单中选择【嵌入音频】命令。

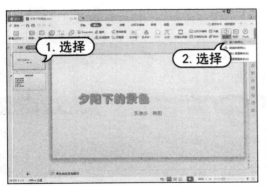

step 2 打开【插入音频】对话框，选择"流水声"音频文件，单击【打开】按钮。

step 3 此时幻灯片中将出现声音图标，使用鼠标将其拖动到幻灯片的下方，单击播放按钮即可播放音乐。

step 4 在幻灯片预览窗口中选择第 2 张幻灯片缩略图，将其显示在幻灯片编辑窗口中，打开【插入】选项卡，单击【视频】下

拉按钮，从弹出的下拉菜单中选择【嵌入本地视频】命令。

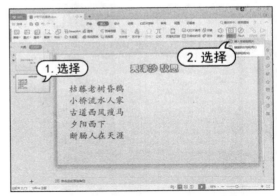

step 5 打开【插入视频】对话框，打开文件的保存路径，选择视频文件，单击【打开】按钮。

step 6 此时幻灯片中显示插入的视频，在幻灯片中调整其位置和大小。

第6章

图像处理软件

在日常办公学习过程中，会生成大量的图片文件，比如照片、插图、漫画等图形图像文件。用户可以对这些图形图像进行基本的处理。本章通过介绍图像浏览与管理、图像捕捉和处理等软件，帮助用户掌握图像处理的方法。

 **本章对应视频**

6.1 图像浏览软件——ACDSee

要查看计算机中的图片，就要使用图片查看软件。ACDSee 是一款非常好用的图像浏览软件，它被广泛地应用在图像查看、管理以及优化等各个方面。另外，使用软件内置的图片编辑工具可以轻松地处理各类数码图片。

6.1.1 图形图像基础知识

在日常工作和生活中，经常需要使用各种软件绘制图形和处理图像。因此，了解图形和图像的基础知识，可以帮助用户更好地管理各种图片文档，提高工作效率，丰富业余生活。

1. 位图和矢量图

位图图像是由许多像素点组成的图像，并且每一个像素点都有明确的颜色。Photoshop 和其他图像编辑软件产生的图像基本上都是位图图像，但在 Photoshop 中还集成了矢量绘图功能，因而扩大了用户的创作空间。

位图图像质量与分辨率有着密切的关系。如果在屏幕上以较大的倍数放大显示，或以过低的分辨率打印，位图图像会出现锯齿状的边缘，丢失细节。位图图像弥补了矢量图像的某些缺陷，它能够制作出颜色和色调变化更加丰富的图像，同时也可以很容易地在不同软件之间进行交换。但位图图像文件容量较大，对内存和硬盘的要求较高。

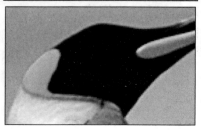

矢量图像也称为向量式图像。顾名思义，它是以数学式的方法记录图像的内容。其记录的内容以线条和色块为主，由于记录的内容比较少，不需要记录每一个点的颜色和位置等，所以它的文件容量比较小。这类图像很容易进行放大、旋转等操作，且不易失真，精确度较高，所以在一些专业的图形绘制软件中应用较多。但同时，正是由于上述原因，这种图像类型不适于制作一些色彩变化较大的图像，且由于不同软件的存储方法不同，在不同软件之间的转换也有一定的困难。

2. 像素和分辨率

像素(Pixel)是组成图像的最基本单元，它是一个小的矩形颜色块。一幅图像通常由许多像素组成，这些像素被排成横行或纵列。当使用缩放工具将图像放到足够大时，就可以看到类似马赛克的效果。每一个小矩形块就是一个像素，也可以称为栅格。每个像素都有不同的颜色值，单位长度内的像素越多，分辨率(ppi)越高，图像的效果就越好。

图像分辨率的单位是 ppi(pixels per inch)，即每英寸所包含的像素数量。如果图像分辨率是 72ppi，就是在每英寸长度内包含 72 像素。图像分辨率越高，意味着每英寸所包含的像素越多，图像就有越多的细节，颜色过渡就越平滑。图像分辨率和图像大小之间有着密切的关系。图像分辨率越高，所包含的像素越多，图像的信息量就越大，因而文件也就越大。

6.1.2　图像文件格式

同一幅图像文件可以使用不同的文件格式来进行存储，但不同文件格式所包含的信息并不相同，文件的大小也有很大的差别。因而，在使用时应当根据需要选择合适的文件格式。

常用的图像保存格式有以下几种。

➤ PSD：这是 Photoshop 软件的专用图像文件格式。它能保存图像数据的每一个小细节，可以存储成 RGB 或 CMKY 颜色模式，也能自定义颜色数目进行存储。它能保存图像中各图层的效果和相互关系，并且各图层之间相互独立，以便于对单独的图层进行修改和制作各种特效。缺点就是占用的存储空间较大。

➤ TIFF：这是一种比较通用的图像格式，几乎所有的扫描仪和大多数图像软件都支持这一格式。这种格式支持 RGB、CMYK、Lab、Indexed Color、位图和灰度颜色模式，有非压缩方式和 LZW 压缩方式之分。同 EPS 和 BMP 等文件格式相比，其图像信息最紧凑，因此 TIFF 文件格式在各软件平台上得到了广泛支持。

➤ JPEG：JPEG 是一种带压缩的文件格式，其压缩率是目前各种图像文件格式中最高的。但 JPEG 在压缩时图像存在一定程度的失真。因此，在制作印刷制品的时候最好不要用该格式。JPEG 格式支持 RGB、CMYK和灰度颜色模式，但不支持 Alpha 通道。它主要用于图像的预览和制作 HTML 网页。

➤ PDF：该文件格式是由 Adobe 公司推出的，它以 PostScript Level 2 语言为基础。因此，可以覆盖矢量图形和位图图像，并且支持超链接。利用此格式可以保存多页信息，其中可以包含图像和文本，同时它也是网络下载经常使用的文件格式。

➤ EPS(Encapsulated PostScript)：该格式是跨平台的标准格式，其扩展名在Windows 平台上为*.eps，在 Macintosh 平台上为*.epsf，用于存储矢量图形和位图图像文件。EPS 格式采用 PostScript 语言进行描述，可以保存 Alpha 通道、分色、剪辑路径、挂网信息和色调曲线等数据信息。因此，EPS 格式也常被用于专业印刷领域。EPS格式是文件内带有 PICT 预览的 PostScript格式，基于像素的 EPS 文件要比以 TIFF 格式存储的相同图像文件所占磁盘空间大，基于矢量图形的 EPS 格式的图像文件要比基于位图图像的 EPS 格式的图像文件小。

➤ BMP：它是标准的 Windows 及 OS/2平台上的图像文件格式，Microsoft 的 BMP格式是专门为【画笔】和【画图】程序建立的。这种格式支持 1~24 位颜色深度，使用的颜色模式可为 RGB、索引颜色、灰度和位图等，且与设备无关。

➤ GIF：该格式是由 CompuServe 公司提供的一种图像格式。由于 GIF 格式可以用LZW 方式进行压缩，所以它被广泛应用于通信领域和 HTML 网页文档中。不过，这种格式仅支持 8 位图像文件。

➤ PNG：PNG 格式是一种网络图像格式，也是目前可以保证图像不失真的格式之一。它不仅兼有 GIF 格式和 JPEG 格式所能使用的所有颜色模式，而且能够将图像文件压缩到极限以利于网络上的传输；还能保留所有与图像品质相关的数据信息。采用这种格式的图像文件显示速度很快，只需下载 1/64 的图像信息就可以显示出低分辨率的预览图像；PNG 格式也支持透明图像的制作。PNG 格式的缺点在于不支持动画。

6.1.3　浏览和编辑图片

　　ACDSee 软件提供了多种查看方式供用户浏览图片。用户在安装完成 ACDSee 软件后，双击桌面上的软件启动图标，即可启动 ACDSee。

ACDSee 15

　　启动 ACDSee 后，在软件界面左侧的【文件夹】列表框中选择图片的存放位置，双击某幅图片的缩略图，即可查看该图片。

　　使用 ACDSee 不仅能够浏览图片，还可对图片进行简单的编辑。

step 1 启动 ACDSee 后，双击打开需要编辑的图片。

step 2 单击图片查看窗口右上方的【编辑】按钮，打开图片编辑面板。单击 ACDSee 软件界面左侧的【曝光】选项，打开曝光参数设置面板。

step 3 此时，在【预设值】下拉列表框中，选择【加亮阴影】选项。然后拖动其下方的【曝光】滑块、【对比度】滑块和【填充光线】滑块，可以调整图片曝光的相应参数值。

step 4 曝光参数设置完成后，单击【完成】按钮。

step 5 返回图片管理器窗口，单击软件界面左侧工具条中的【裁剪】按钮。

step 6 可打开【裁剪】面板，在软件窗口的右侧，可拖动图片显示区域的 8 个控制点来选择图像的裁剪范围。

step 7 选择完成后，单击【完成】按钮，完成图片的裁剪。

step 8 图片编辑完成后，单击【保存】按钮，即可对图片进行保存。

6.1.4　批量重命名

如果用户需要一次性对大量的图片进行统一命名，可以使用 ACDSee 的批量重命名功能。

【例6-1】使用 ACDSee 对桌面上【我的图片】文件夹中的所有文件进行统一命名。 视频

step 1 启动 ACDSee，在主界面左侧的【文件夹】列表框中依次展开【桌面】|【我的图片】选项。

step 2 此时，在 ACDSee 软件主界面中间的文件区域将显示【我的图片】文件夹中的所有图片。按 Ctrl+A 组合键，选定该文件夹中的所有图片，然后选择【工具】|【批量】|【重命名】命令。

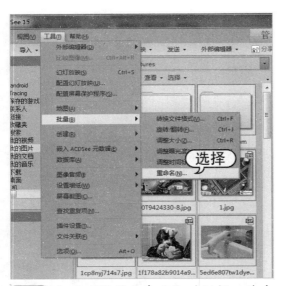

step 3 打开【批量重命名】对话框，选中【使用模板重命名文件】复选框，在【模板】文本框中输入"摄影###"。选中【使用数字替换#】单选按钮，在【开始于】区域选中【固定值】单选按钮，在其后的微调框中设置数值为1。单击【开始重命名】按钮。

step 4 系统开始批量重命名图片。重命名完成后，打开【正在重命名】对话框，单击【完成】按钮。

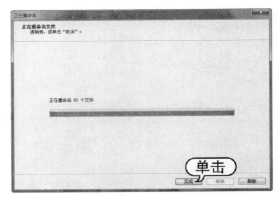

step 5 即可查看到重命名后的图片名称，如下图所示。

6.1.5 转换图片格式

ACDSee 具有图片文件格式的相互转换功能，使用它可以轻松地执行图片格式的转换操作。

【例6-2】使用 ACDSee 将【我的图片】文件夹中的图片转换为 BMP 格式。 视频

step 1 在 ACDSee 中按住 Ctrl 键选中需要转换格式的图片文件。选择【工具】|【批量】|【转换文件格式】命令。

step 2 打开【批量转换文件格式】对话框，在【格式】列表框中选择 BMP 格式，单击【下一步】按钮。

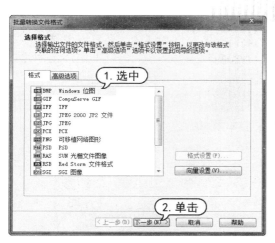

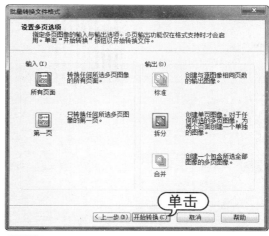

默认设置，单击【开始转换】按钮。

step 3 打开【设置输出选项】对话框，选中【将修改后的图像放入源文件夹】单选按钮，单击【下一步】按钮。

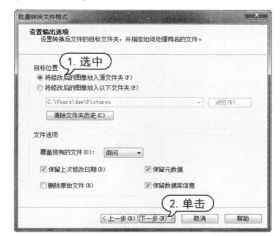

step 4 打开【设置多页选项】对话框，保持

step 5 开始转换图片文件并显示进度，格式转换完成后，单击【完成】按钮即可。

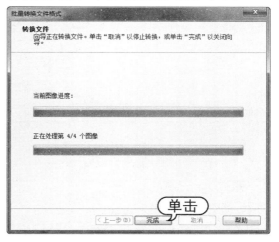

6.2 图像编辑软件——美图秀秀

自己照出来的照片难免会有许多不满意之处，这时可利用计算机对照片进行处理，以达到完美的效果。美图秀秀这款软件不要求用户有非常专业的知识，只要懂得操作计算机，就能够将一张普通的照片轻松地 DIY 出具有专业水准的效果。

6.2.1 使用抠图功能

如果想在照片中突出某个主题，或者去掉不想要的部分，则可以使用美图秀秀的抠图功能，对照片进行裁剪抠取。

【例 6-3】使用美图秀秀的抠图功能。
视频+素材 (素材文件\第 06 章\例 6-3)

step 1 启动美图秀秀软件，选择【抠图】选项卡，单击【打开图片】按钮。

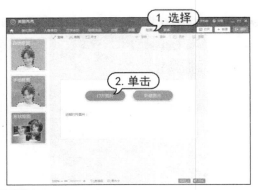

step 2 打开【打开图片】对话框,选择照片,单击【打开】按钮。

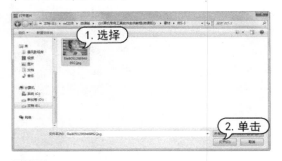

step 3 打开图片后单击【自动抠图】按钮。

step 4 单击【抠图笔】按钮,在照片人像上画竖线,显示绿色线条。

step 5 单击【删除笔】按钮,画红色线条,删去抠图中的多余部分,也可以继续用【抠图笔】添加抠图内容,使用比例尺控件缩放图片大小,可以更细致地删补抠图。

step 6 操作完毕后单击【完成抠图】按钮,在【杂志背景】界面中,选择右侧一张杂志背景,设置前景选项,然后单击【完成】按钮。

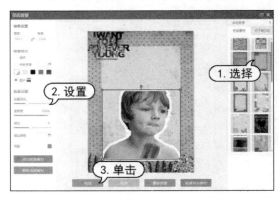

step 7 完成照片背景的设置后,单击【保存】按钮。

step 8 打开【保存与分享】对话框，设置保存路径和图片格式，单击【保存】按钮即可保存该抠图图片。

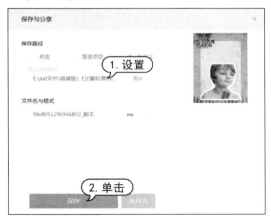

6.2.2　美化图片

美图秀秀提供了多种美化图片的工具，例如，局部彩色笔、局部马赛克、局部变色笔、特效滤镜、一键美化等。使用这些工具可以轻松地美化照片。

【例6-4】使用美图秀秀的美化图片功能。

视频+素材 (素材文件\第06章\例6-4)

step 1 启动美图秀秀软件，选择【美化图片】选项卡，单击【打开图片】按钮。

step 2 打开【打开图片】对话框，选择照片，单击【打开】按钮。

step 3 单击【局部彩色笔】按钮，打开【局部彩色笔】对话框，调整画笔大小，涂抹出需要彩色的区域，本例除了人物部分其他范围都涂抹彩色，然后单击【对比】按钮。

step 4 显示和原图的对比效果，单击【应用当前效果】按钮。

step 5 返回【美化图片】界面，单击右侧【特效滤镜】中的【小森林】选项，设置透明度为【90%】，单击【保存】按钮。

step⑥ 打开【保存与分享】对话框,设置保存路径和图片格式,单击【保存】按钮即可保存美化后的图片文件。

6.2.3　人像美容

美图秀秀还提供瘦身、磨皮、祛痘、美白等多种人像美容工具,让照片中的你容光焕发,收获自信。

【例 6-5】使用美图秀秀的人像美容功能。

视频+素材 (素材文件\第 06 章\例 6-5)

step① 启动美图秀秀软件,选择【人像美容】选项卡,单击【打开图片】按钮。

step② 打开【打开图片】对话框,选择照片,单击【打开】按钮。

step③ 在【人像美容】选项卡中选择【美肤】|【祛痘祛斑】选项。

step④ 打开对话框,设置祛痘笔大小,然后涂抹人像面部,达到祛痘效果,单击【应用当前效果】按钮。

step⑤ 在【人像美容】选项卡中选择【美肤】|【皮肤美白】选项。

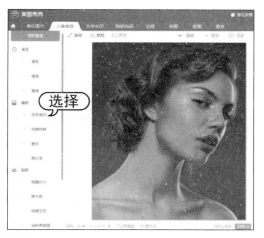

step 6 打开对话框，设置美白力度和肤色，完成设置后单击【应用当前效果】按钮。

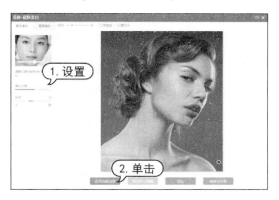

step 7 在【人像美容】选项卡中选择【其他】|【唇彩】选项，打开对话框，设置唇笔大小、唇彩颜色，在嘴唇处涂抹，然后单击【应用当前效果】按钮。

step 8 在【人像美容】选项卡中选择【美肤】|【磨皮】选项，打开对话框，单击【自然磨皮】按钮，设置磨皮效果，然后单击【应用当前效果】按钮。

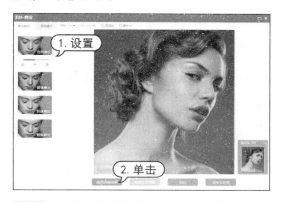

step 9 在【人像美容】选项卡中单击【对比】按钮，查看和原图的对比效果，满意后单击【保存】按钮。

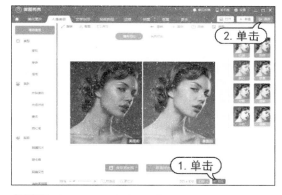

step 10 打开【保存与分享】对话框，设置保存路径和图片格式，单击【保存】按钮即可保存人像美容后的图片文件。

6.2.4 添加文字边框

好看的相册封面最能吸引人眼球了，一张精心制作的图片用作 QQ 空间、微信等相册封面，会为用户带来更多的关注。而美图秀秀推出的文字边框功能，非常适合制作相册封面，唯美的边框加上文字签名的配合，使照片不再单调。

【例6-6】使用美图秀秀为照片添加边框。
视频+素材 (素材文件\第 06 章\例 6-6)

step 1 启动美图秀秀软件，选择【边框】选项卡，单击【打开图片】按钮。

step 2 打开【打开图片】对话框，选择照片，单击【打开】按钮。

step 3 单击左侧的【文字边框】按钮，进入文字边框界面。

step 4 选择右侧的边框模板，在左侧输入文字、日期并设置字体和颜色，然后单击【应用当前效果】按钮。

step 5 在【边框】选项卡中单击【海报边框】按钮。

step 6 在该界面中，选择右侧的边框模板，设置照片的旋转角度，然后单击【应用当前效果】按钮。

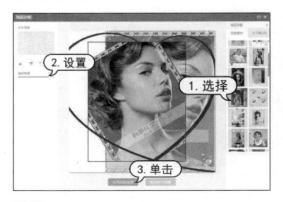

step 7 单击【对比】按钮，查看和原图的对比效果，满意后单击【保存】按钮。

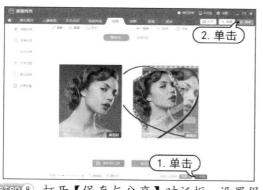

step 8 打开【保存与分享】对话框，设置保存路径和图片格式，单击【保存】按钮即可

保存加了边框后的图片文件。

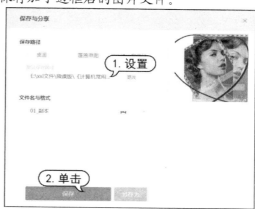

6.3　截图软件—— HyperSnap

在日常办公中，经常需要截取计算机屏幕上显示的图片，并且将其放入文档中。这时，使用专业的 HyperSnap 截图软件，可以非常方便地截取图片。

6.3.1　HyperSnap 简介

HyperSnap 是一个屏幕截图工具，它不仅能截取标准的桌面程序，还能截取 DirectX、3Dfx Glide 游戏和视频或 DVD 屏幕图，另外它还能以 20 多种图形格式(包括 BMP、GIF、JPEG、TIFF 和 PCX)保存图片。要使用 HyperSnap 截图，需要先下载和安装 HyperSnap。HyperSnap 下载并安装完成后，启动软件，其界面如下图所示。

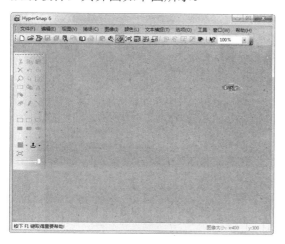

HyperSnap 主界面各组成部分作用如下。

▷ 菜单和工具栏：集成了软件的常用命

令和截图时的常用按钮。

▷ 图片显示窗格：用于显示所截取的图片效果。

▷ 编辑工具按钮：用于编辑、选择和修改图片。

▷ 状态栏：显示帮助信息以及所截取的图片的大小。

选择【捕捉】|【捕捉设置】命令，打开【捕捉设置】对话框，设置截图捕捉选项。

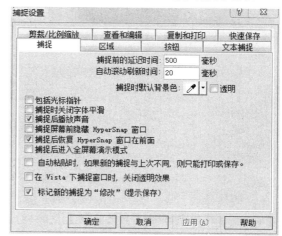

6.3.2　设置截图热键

在使用 HyperSnap 截图之前，用户首先

需要配置屏幕捕捉热键，通过热键可以方便地调用 HyperSnap 的各种截图功能，从而更有效地进行截图。

【例 6-7】配置 HyperSnap 中的屏幕捕捉热键。 〇视频

step ① 启动 HyperSnap，然后选择【捕捉】|【配置热键】命令。

step ② 打开【屏幕捕捉热键】对话框，在【捕捉窗口】功能左侧的文本框中单击鼠标，然后直接按下 F2 键，设置该功能的捕捉热键为 F2。

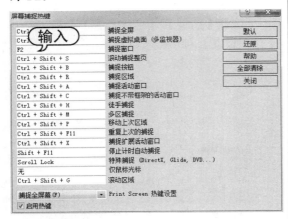

step ③ 使用同样的方法，设置【捕捉按钮】功能的热键为 F3，【捕捉区域】的热键为 F6，然后选中底部的【启用热键】复选框。

step ④ 单击【关闭】按钮，完成热键的设置。在配置热键的过程中，如果想恢复到初始热键配置，可以单击右侧的【默认】按钮，即

可快速恢复为默认热键配置。

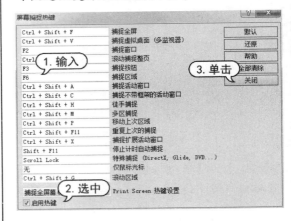

6.3.3 截取图片

热键设置完成后，就可以使用 HyperSnap 来截图了。使用 HyperSnap 的各种截图功能，用户可以轻松地截取屏幕上的不同部分，例如截取全屏、截取窗口、截取对话框、截取某个按钮或截取某个区域等。

【例 6-8】使用 HyperSnap 截取【资源管理器】窗口。 〇视频

step ① 启动 HyperSnap，并将其最小化，然后单击快速启动栏中的【Windows 资源管理器】图标，启动资源管理器。

step ② 按下【捕捉窗口】功能对应的热键 F2，然后将光标移动至【资源管理器】窗口的边缘，当整个窗口四周显示闪烁的黑色边框时，按下鼠标左键，即可截取该窗口。

可复制该截图图片。

step ③ 截取成功后，截取的图片显示在
HyperSnap 中，单击工具栏中的复制按钮，

6.4　图片压缩软件——Image Optimizer

Image Optimizer 是一款影像最佳化软件，可以将 JPEG、GIF、PNG、BMP、TIFF 等图
形影像文件利用 Image Optimizer 独特的 Magi Compress 压缩技术最佳化。可以在不影响图形
影像品质的状况下将图形影像缩小容量。Image Optimizer 完全给予使用者自行控制图形影像
最佳化，可自行设定压缩率，附有即时预览功能，可以即时预览图形影像压缩后的品质。

6.4.1　优化单幅图像

Image Optimizer 软件具有独特的 Magi
Compress 压缩技术，可以在不影响图形影像
品质的状况下将图形影像压缩。下面详细介
绍优化单幅图像的操作方法。

【例 6-9】使用 Image Optimizer 软件优化单幅图像。
🎬 视频

step ① 启动 Image Optimizer，在快捷菜单栏
中单击【打开】按钮。打开 Open 对话框，
选择图像，单击【打开】按钮。

step ② 打开图像，在左侧工具栏中单击【裁
剪工具】按钮，在图像中单击并拖动到准
备裁剪的大小区域。单击【裁剪图像】按钮，
即可将部分区域裁剪下来。

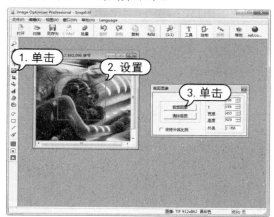

step ③ 在左侧工具栏中单击【调整大小】按
钮，打开【图像转换】对话框。可以在【调
整】区域对图像的【宽度】【高度】和【锐
化】参数进行调整，可以在【旋转】区域旋
转图像。

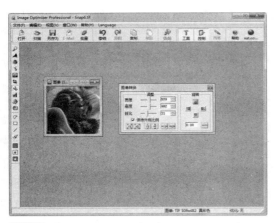

step 4 在左侧工具栏中单击【优化图像】按钮，打开一个新窗口，里面有经过优化的图像。同时打开【压缩图像】对话框。在【文件类型】区域可以选择输出文件的格式。在【JPEG质量】区域设置JPEG图像品质。在【魔法压缩】区域，设置图像的压缩大小。

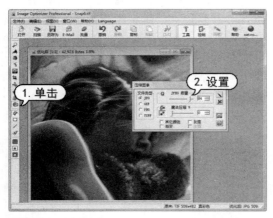

step 5 在菜单栏中选择【文件】|【保存优化的图像为】命令，打开【保存优化的图像为】对话框，设置准备保存的图片位置，在【文件名】文本框中输入名称，单击【保存】按钮。

6.4.2 批量优化图像

用户有时会有很多图像需要优化，一幅一幅地操作很麻烦。可以使用 Image Optimizer 的批量优化功能，让程序按照一个统一的标准，把多个图像一次性完成优化。下面详细介绍其操作方法。

【例6-10】使用 Image Optimizer 软件批量优化图像。 视频

step 1 启动 Image Optimizer，在菜单栏中选择【文件】|【批量处理向导】命令。

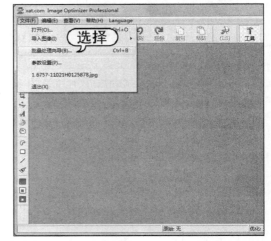

step 2 打开【Step1 of 3-Select Multiple Files】对话框，单击【添加文件】按钮。

step 3 打开【选择多个文件】对话框。展开【查找范围】下拉列表按钮，选择准备添加图像的文件夹。在列表中选择多个图像，单击【打开】按钮。

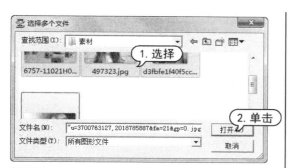

step 4 返回【Step1 of 3-Select Multiple Files】对话框，单击【下一步】按钮。

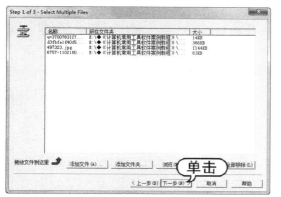

step 5 打开【Step 2 of 3-Select Operation】对话框。在【压缩】选项卡中，可以对各个参数进行相应的设置，单击【下一步】按钮。

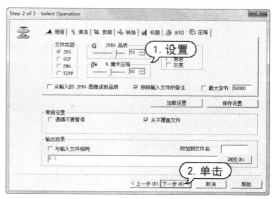

step 6 打开【Step 3 of 3-Optimizing Images】对话框，单击【优化】按钮。

step 7 完成优化后，单击【关闭】按钮，完成批量优化图像的操作。

6.5　屏幕录像软件——Adobe Captivate

Adobe Captivate 是 Adobe 公司出品的一款专业的屏幕录制软件，它可以轻松创建诸如应用程序模拟模型、产品演示、拖放模块和培训内容，实现 Flash 格式的内容交互。软件操作简单，任何不具有编程知识或多媒体技能的人都能够快速创建功能强大的软件演示和培训内容。

6.5.1　Adobe Captivate 2019简介

Adobe Captivate 2019 利用智能创作工具征服新的学习环境，让用户创建各种完全响应式远程学习内容。使用 VR 和 360° 媒体资源轻松设计沉浸式学习体验。通过为视频轻松添加交互性，扩大基于视频的学习。

打开 Adobe Captivate 2019 后，界面显示如右图所示。该界面提供了多个录制屏幕的方式，比如软件模拟、视频演示、VR 项目等。

Adobe Captivate 2019 可以自动生成 Flash 格式的交互式内容，而不需要用户学习 Flash。集成独家的 50000 多个图标商店来丰富用户的内容，创建在台式机和智能手机上无缝对接运行课程。

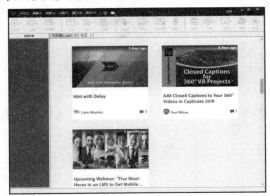

Adobe Captivate 2019 中引入了 360° 媒体支持，可以虚拟现实方式向用户提供沉浸式远程学习体验，从而让学员在无风险环境中体验真实情况。使用虚拟现实提供如虚拟浏览、安全演习、产品演练、第一响应情况等体验。

Adobe Captivate 2019 适合移动学习的学员，使用新版增强可变框，自动创作全响应式远程学习内容，适合所有设备和浏览器。点击几下，即可将旧版台式机课程转换为移动学习。

此外 Adobe Captivate 2019 针对 Microsoft PowerPoint 提供 HTML5 支持，将用户的 PowerPoint 项目，包括文本、图形、音频和动画，导入 Adobe Captivate 中并直接将其发布为 HTML5 格式的内容。

6.5.2　设置录屏选项

使用 Adobe Captivate 2019 录屏之前，需要设置录制屏幕的选项。

【例 6-11】在 Adobe Captivate 2019 软件中设置录制屏幕的选项。 视频

step① 启动 Adobe Captivate 2019，在【新建】选项卡中单击【软件模拟】按钮，然后单击【创建】按钮。

step② 打开对话框，在【尺寸】栏中选中【屏幕区域】单选按钮，然后选中【全屏】单选按钮，在【录制类型】栏中选中【自动】单选按钮，然后单击【设置】按钮。

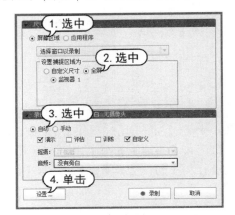

step③ 打开【偏好】对话框，在左侧栏里选择【设置】选项卡，其中可以设置音频选项，如果不录制自己讲解的声音，可以不选中【旁白】复选框，其余可以保持默认选项。

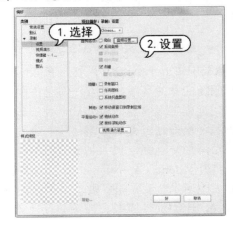

step 4 在左侧栏里选择【快捷键】选项卡，其中可以设置操作中各个步骤的快捷键。

step 5 在左侧栏里选择【模式】选项卡，其中可以设置字幕、鼠标、文本输入框等选项。

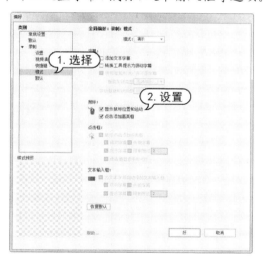

step 6 完成设置后，单击【好】按钮退出对话框，返回尺寸界面，单击【录制】按钮即可开始录制。

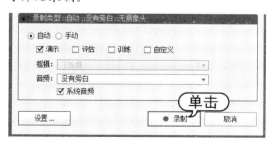

6.5.3 发布录屏文件

屏幕录像录制完成后，用户可以在屏幕录像中添加自定义信息，然后发布成多种格式以供使用。

【例 6-12】 将录屏文件发布。 视频

step 1 启动 Adobe Captivate 2019，使用上例中的方法进行录屏操作，按快捷键 End 停止录屏，自动出现主界面，显示演示文件。

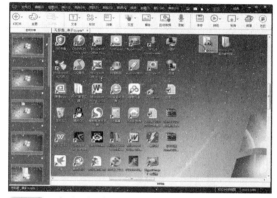

step 2 单击菜单栏下的【形状】按钮，在弹出菜单中选择【向上箭头标注】选项。

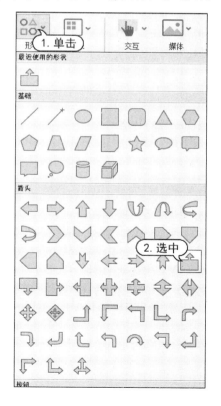

step 3 在第1张幻灯片中绘制形状,然后单击菜单栏下的【属性】按钮。

step 4 在【属性】窗格中设置形状的填充颜色,然后双击该形状内部,在其中输入文字,移动形状至合适位置。

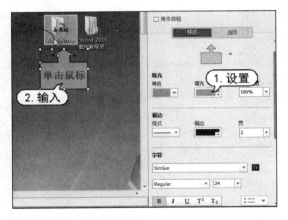

step 5 单击菜单栏下的【发布】按钮,在弹出菜单中选择【发布到电脑】选项。

step 6 打开【发布到我的电脑】对话框,设置发布文件的格式和保存路径,然后单击【发布】按钮即可完成发布操作。

6.6 案例演练

本章的案例演练是使用美图秀秀制作拼图和批处理图片等几个实例操作,用户通过练习从而巩固本章所学知识。

6.6.1 制作拼图

【例6-13】在美图秀秀中制作拼图。

视频+素材 (素材文件\第06章\例6-13)

step 1 启动美图秀秀软件,选择【拼图】选项卡,单击【打开图片】按钮。

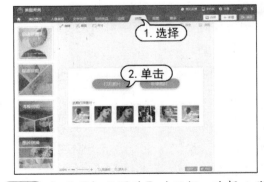

step 2 打开【打开图片】对话框,选择1张

照片，单击【打开】按钮。

step3 导入照片后，单击【模板拼图】按钮。

step4 在右侧选择一个模板素材，调整照片及其显示大小。

step5 单击【添加多张图片】按钮，在弹出的对话框中选择多张照片，单击【打开】按钮。

step6 此时拼图中插入其余3张照片，调整

照片及其显示大小。

step7 单击【选择底纹】按钮，选择1种底纹选项。

step8 单击【选择边框】按钮，选择1种边框选项，然后单击【确定】按钮。

step9 在【拼图】选项卡中单击【保存】按钮。

step 10 打开【保存与分享】对话框，设置保存路径和图片格式，单击【保存】按钮即可保存拼图文件。

6.6.2 批处理图片

【例 6-14】在美图秀秀中批处理图片。

📹视频+素材 (素材文件\第 06 章\例 6-14)

step 1 单击【开始】按钮，打开【开始】菜单，选择【所有程序】|【美图】|【美图秀秀批处理】|【美图秀秀批处理】命令。

step 2 打开【美图秀秀批处理】对话框，单击【添加多张图片】按钮。

step 3 打开【打开图片】对话框，选择多张图片，然后单击【打开】按钮。

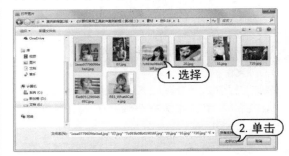

step 4 在对话框中，按住 Ctrl 键选中所有图片，单击【一键美化】按钮。

step 5 单击【基础调整】按钮，在打开的【基础调整】窗格中单击【自定义】按钮，拖动下面各选项的滑动条，调节适当的数据，然后单击【确定】按钮。

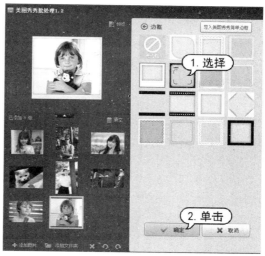

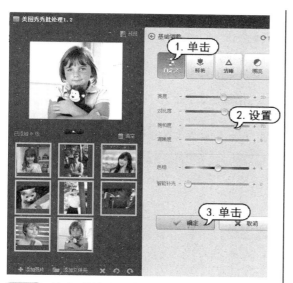

step⑥ 单击【特效】按钮，在【特效】窗格中选择【人像】选项卡，选择【阿宝色】选项，然后单击【确定】按钮。

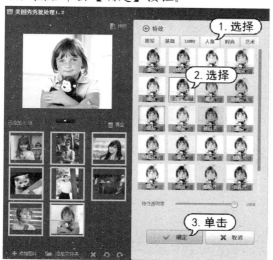

step⑦ 单击【边框】按钮，在【边框】窗格中选择一种边框选项，然后单击【确定】按钮。

step⑧ 单击【文字】按钮，在【文字】窗格中输入文字，调整字体、大小、颜色、透明度、旋转、位置等选项，也可以在左侧预览图中调整文本框的大小和旋转角度，然后单击【确定】按钮。

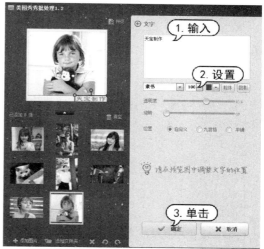

step⑨ 返回原来的对话框，在右侧窗格的【格式】下拉列表中选择 png 格式，将【画质】调到 100%，选中【另存为】单选按钮，然后单击【路径】后面的【更改】按钮。

step⑩ 打开【浏览计算机】对话框，设置保存的文件夹路径，然后单击【确定】按钮。

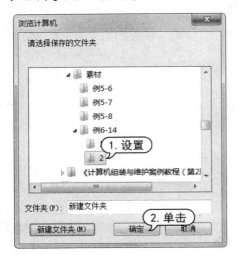

step⑪ 返回对话框，单击【保存】按钮。

step⑫ 开始进行批处理操作，显示进度条。

step⑬ 完成批处理操作后，弹出对话框，单击【打开文件夹】按钮。

step⑭ 打开保存批处理后的图片文件夹，可以查看图片。

第7章

影音多媒体管理软件

随着计算机技术的逐渐发展，各种多媒体也逐渐地进入人们的生活。用户不仅可以进行普通的录音、录像、听音乐和看视频等娱乐活动，而且还可以通过一些多媒体编辑软件来实现以往只有专业人士才能进行的多媒体制作与处理的功能。

 **本章对应视频**

7.1 音频播放软件——网易云音乐

如果没有音频播放软件的存在，那么存储在计算机中的音频文件就无用武之地了。音频播放软件是一种将计算机可以识别的二进制码的音频内容，转换成用户可以识别的声音内容的音乐播放软件。网上有海量的音乐资源，喜欢音乐的用户可以通过网络来听听喜欢的歌曲、听听喜欢的经典唱段。网易云音乐是国内领先的数字音乐交互服务提供商，用户只需要下载一个网易云音乐客户端，即可在线聆听海量歌曲。

7.1.1 音频文件类型

在计算机中，有许多种类的音频文件。承担着不同环境下的声音提示等任务的音频文件是计算机存储声音的文件。其大体上可以分为无损格式和有损格式两类。

1. 无损格式

无损格式是指无压缩，或单纯采用计算机数据压缩技术存储的音频文件。这些音频文件在解压后，还原的声音与压缩之前并无区别，基本不会产生转换的损耗。无损格式的缺点是压缩比较小，压缩后的音频文件占用磁盘空间仍然很大。常见的无损格式音频文件主要有以下几种。

> WAV：WAV 文件是波形文件，是微软公司推出的一种音频存储格式，主要用于保存 Windows 平台下的音频源。WAV 文件存储的是声音波形的二进制数据，由于没有经过压缩，使得 WAV 波形声音文件的体积很大。WAV 文件占用的空间大小计算公式是[(采样频率×量化位数×声道数)÷8]×时间(秒)，单位是字节(Byte)。理论上，采样频率和量化位数越高越好，但是所需的磁盘空间就更大。通用的 WAV 格式(即 CD 音质的WAV)是 44100Hz 的采样频率，16 位的量化位数，双声道。这样的 WAV 声音文件储存1min 的音乐需要 10MB 左右，所占空间较大，非专业人士一般(例如，专业录音室等需要极高音质的场合)不会选择用 WAV 格式来存储声音。

> APE：它是 Monkey's Audio 开发的音频无损压缩格式，可以在保持 WAV 音频音质不变的情况下，将音频压缩至原大小的 58% 左右。同时支持直接播放。使用 Monkey's Audio 的软件，还可以将 APE 音频还原为 WAV 音频，还原后的音频和压缩前的音频完全一样。

> FLAC：FLAC 是 Free Lossless Audio Codec 的缩写，即免费的无损音频压缩。也就是指音频以 FLAC 方式压缩不会丢失任何信息。这种压缩与 Zip 的方式类似，但是 FLAC 将给予更大的压缩率。因为 FLAC 是专门针对音频的特点设计的压缩方式，并且用户可以使用播放器播放 FLAC 压缩的文件，就像通常播放 MP3 文件一样。

2. 有损格式

有损格式是基于声学心理学的模型，取消人类很难或根本听不到的声音，并对声音进行优化。例如，一个音量很高的声音后面紧跟着的是一个音量很低的声音等。

在优化声音后，还可以再对音频数据进行压缩。有损压缩格式的优点是压缩率较高，压缩后占用的磁盘空间小。缺点是可能会损失一部分声音数据，降低声音采样的真实度。常见的有损音频文件主要有以下几种。

> MP3 即 MPEG 标准中的音频部分，也就是 MPEG 音频层。根据压缩质量和编码处理的不同分为 3 层，分别对应"*.mp1""*.mp2"和"*.mp3"这 3 种声音文件。需要提醒用户注意的是：MPEG 音频文件的压缩是一种有损压缩；MPEG3 音频编码具有10：1~12：1 的高压缩率，同时基本保持低音频部分不失真，但是牺牲了声音文件中12KHz 到 16KHz 高音频这部分的质量来换取文件的尺寸；相同长度的音乐文件，用

.mp3 格式来储存，一般只有.wav 文件的 1/10，因而音质要次于 CD 格式或 WAV 格式的声音文件。由于其文件尺寸小，音质好；所以在它问世之初还没有什么别的音频格式可以与之匹敌，因而为*.mp3 格式的发展提供了良好的条件。

➤ WMA(Windows Media Audio)格式是来自于微软的重量级选手，音质要强于 MP3 格式，更远胜于 RA 格式。它和日本 YAMAHA 公司开发的 VQF 格式一样，以减少数据流量但保持音质的方法来达到比 MP3 压缩率更高的目的。WMA 的压缩率一般都可以达到 1∶18 左右。WMA 的另一个优点是内容提供商可以通过 DRM(Digital Rights Management)方案，如 Windows Media Rights Manager 7 加入 "防拷贝" 保护。

7.1.2 搜索歌曲

网易云音乐最吸引人的地方就是通过特殊的算法准确地为用户推送喜欢的歌曲和歌单，用户也可以把自己喜欢的音乐做成歌单分享给其他人，用户可以收藏其他人制作的歌单，也可以自己创建一个新歌单，自定义歌单中的歌曲。

【例 7-1】搜索和收听想听的歌曲。 视频

step 1 启动网易云音乐 PC 客户端，在搜索文本框中输入要收听的音乐名称。例如，输入 "生僻字"，然后单击【搜索】按钮。

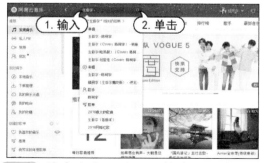

step 2 搜索完成后将显示搜索后的音乐列表。在其中双击打开一首歌曲。

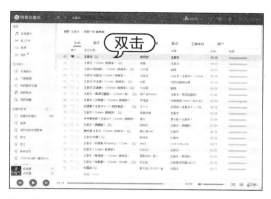

step 3 此时即可开始播放选定的音乐并自动显示歌词。单击播放栏内的【暂停】按钮 ，可以暂停播放，再单击又可重新播放。

7.1.3 收听电台

网易云音乐提供了多个电台可供用户收听。在网易云音乐的主界面中单击【主播电台】标签，下面包含多个分类电台。

单击想要收听的电台。例如，在【相声曲艺】分类中单击【单田芳评书】选项，即可收听该电台。

打开电台后，选择一个节目，双击即可打开该节目播放。

在播放栏内单击右边的【播放列表】按钮，弹出播放列表，在其中选择想听的节目。

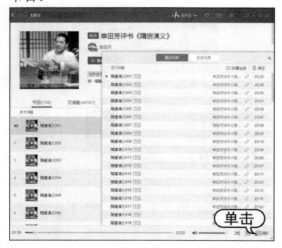

7.1.4 创建歌单

网易云音乐最吸引人的地方就是通过特殊的算法准确地为用户推送喜欢的歌曲和歌单，用户也可以把自己喜欢的音乐做成

歌单分享给其他人，用户可以收藏其他人制作的歌单，也可以自己创建一个新歌单，自定义歌单中的歌曲。

【例7-2】收藏和创建自己的歌单。■视频

step 1 启动网易云音乐 PC 客户端，单击【歌单】标签，然后单击其中一个歌单。

step 2 打开歌单后，单击【收藏】按钮。

step 3 此时右侧列表框中【收藏的歌单】里添加了该歌单，选择后即可打开该歌单。

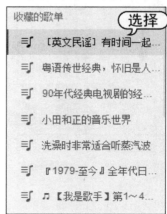

step 4 在歌单中双击一首歌曲即可开始播放，单击该歌曲前面的【下载】按钮即可下载该歌曲（有些歌曲下载需要购买会员服务）。

step 5 在右侧列表框中【创建的歌单】旁单击【新建歌单】按钮➕，弹出界面，输入歌单名称，然后单击【创建】按钮。

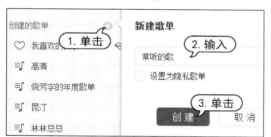

step 6 此时创建【常听的歌】歌单，要往歌单中添加歌曲，可以在别的歌单或者其他网络音乐中选择歌曲，右击，弹出菜单，选择【收藏到歌单】|【常听的歌】命令，即可收藏到歌单中。

step 7 在【常听的歌】歌单中右击新添加的歌曲，在弹出菜单中选择【从歌单中删除】命令，即可将歌曲从该歌单中删除。

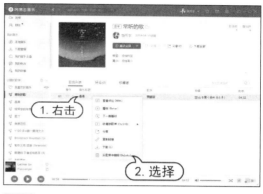

step 8 右击歌单，在弹出菜单中选择【删除歌单】命令，即可删除该歌单。

7.1.5　发表评论

网易云音乐的歌曲评论区一般都很精彩，很多用户都在上面发表听歌感悟，还可以对其他人的评论点赞或回复，构成分享云音乐的社区型服务。

首先右击歌曲，在弹出菜单中选择【查看评论】命令。打开评论区，单击👍(3)按钮可以给该评论点赞，单击【回复】按钮可以回复该条评论，在输入框内输入文字，单击【评论】按钮可以发布自己的评论。

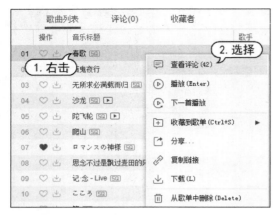

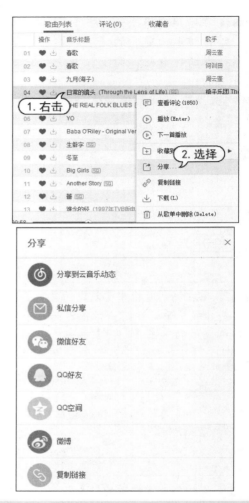

用户还可以右击歌曲,在弹出菜单中选择【分享】命令,弹出界面,选择将歌曲分享到各个网络交流平台上。

7.2 影音播放软件——暴风影音

暴风影音是北京暴风科技有限公司推出的一款视频播放器,该播放器兼容大多数的视频和音频格式。暴风影音是目前最为流行的影音播放软件。支持超过 500 种视频格式,使用领先的 MEE 播放引擎,使播放更加清晰流畅。

7.2.1 播放本地影片

暴风影音可以打开如 RMVB、AVI、WMV、MPEG、MKV 等格式的视频文件。将暴风影音安装到计算机上以后,启动软件,界面如下图所示,其中各组成部分的作用分别如下。

▶ 播放界面:该区域用于显示所播放视频的内容,在其上右击,在打开的快捷菜单中通过不同命令可以实现文件的打开、播

放的控制和界面尺寸的调整等操作。

▶ 播放工具栏:该栏中集合了暴风影音的各种控制按钮,通过单击相应按钮可实现对视频播放的控制、工具的启用、播放列表和暴风盒子的显示与隐藏等操作。

▶ 播放列表:该列表由两个选项卡组成,其中"影视列表"选项卡中罗列了暴风影音整理的各种网络视频选项;"播放列表"选项卡中显示的则是当前正在播放和添加到该选项卡中准备播放的视频文件。

➤ 暴风盒子：位于最右侧，该区域专门针对观看网络视频时使用，通过该组成部分可以更加方便地查找和查看网络视频。

安装暴风影音后，系统中视频文件的默认打开方式一般会自动变更为使用暴风影音打开。此时直接双击视频文件，即可开始使用暴风影音进行播放。如果默认打开方式不是暴风影音，用户可将默认打开方式设置为暴风影音。

【例 7-3】将系统中视频文件的默认打开方式修改为使用暴风影音打开。 ▶视频

step 1 右击视频文件，选择【打开方式】|【选择默认程序】命令。

step 2 打开【打开方式】对话框，在【推荐的程序】列表中选择【暴风影音 5】选项，然后选中【始终使用选择的程序打开这种文件】复选框。

step 3 单击【确定】按钮，即可将视频文件的默认打开方式设置为使用暴风影音打开，此时视频文件的图标也会变成暴风影音的格式。

step 4 双击视频文件，即可使用暴风影音播放该文件。

在使用暴风影音看电影时，如果能熟记一些常用的快捷键操作，则可增加更多的视听乐趣。常用的快捷键如下。

➤ 全屏显示影片：按 Enter 键，可以全屏显示影片，再次按下 Enter 键即可恢复原始大小。

➤ 暂停播放：按 Space(空格)键或单击影片，可以暂停播放。

➤ 快进：按右方向键→或者向右拖动播放控制条，可以快进。

➤ 快退：按左方向键←或者向左拖动播放控制条，可以快退。

➤ 加速/减速播放：按 Ctrl+↑键或 Ctrl+↓键，可使影片加速/减速播放。

➤ 截图：按 F5 键，可以截取当前影片显示的画面。

▶ 升高音量：按向上方向键↑或者向前滚动鼠标滚轮。

▶ 减小音量：按向下方向键↓或者向后滚动鼠标滚轮。

▶ 静音：按 Ctrl+M 键可关闭声音。

7.2.2　播放网络影片

为了方便用户通过网络观看影片，暴风影音提供了在线影视的功能。使用该功能，用户可方便地通过网络观看自己想看的电影。

首先启动暴风影音播放器，默认情况下会自动在播放器右侧打开播放列表。切换至【影视列表】选项卡，在该列表中双击想要观看的影片，稍作缓冲后，即可开始播放。

7.2.3　使用暴风盒子

暴风盒子是一种交互式播放平台，它不仅可以指导用户选择需要的视频文件，也允许用户进行实时评论。使用该盒子的几种常

用操作分别如下。

▶ 使用类型导航：利用暴风盒子上方的类型导航栏，可以按视频类别选择所有需要观看的对象，包括电影、电视、动漫、综艺、教育、资讯、游戏、音乐和记录等多种类别可供选择。如单击【电影】超链接，便可根据需要继续在暴风盒子中进行筛选，包括按地区、按类别、按年代和按格式筛选等，从而可以更准确地搜索需要观看的视频对象。

▶ 搜索影片：直接在暴风盒子上方的文本框中输入视频名称，单击右侧的【搜索】按钮可快速搜索相关视频

▶ 查看并管理影片：当找到需要观看的视频后，单击【影片详情】按钮，此时将显示该视频的选项内容，包括评分、演员和剧情介绍等。用户可在【格式】栏中选择需要观看的视频格式，单击【播放】按钮即可播放视频，单击+按钮可将该视频添加到播放列表。

7.2.4　视频连拍

使用暴风影音播放器播放本地视频时，可以对播放的文件进行连拍操作。下面介绍使用暴风影音进行视频连拍的操作方法。

【例 7-4】通过暴风影音进行视频连拍。 视频

step 1　启动暴风影音，打开一个视频，单击左下角的【工具箱】按钮。在打开的面板中，单击【连拍】按钮。

step 2　在播放窗口中，提示"正在连拍，请等待连拍完成"信息，连拍完成后，提示"连

拍截图已保存至截图目录"信息。单击播放窗口下方的"截图路径"超链接。

step 3　打开保存截图文件的文件夹。用户可以查看视频连拍截取的图像信息，连拍的截图被合成在一张图片上，双击打开图片进行查看。

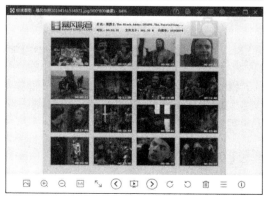

7.2.5 截取视频

暴风影音可以将视频中的部分内容截取为一段新的视频片段，但前提是该视频必须为本地视频文件。

【例7-5】通过暴风影音截取视频片段。 ◎视频

step 1 启动暴风影音，播放本地视频文件。在播放界面中右击，在打开的快捷菜单中选择【视频转码/截取】|【片段截取】命令。

step 2 打开【暴风转码】对话框，单击【未选择设备】按钮。

step 3 打开【输出格式】对话框，设置【输出类型】和【品牌型号】，单击【确定】按钮。

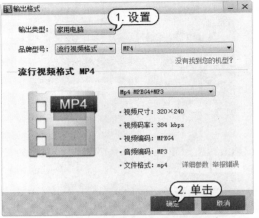

step 4 返回【暴风转码】对话框。在下方的【输出目录】栏中单击【浏览】按钮设置截取视频的保存位置。在右侧的【片段截取】选项卡中通过滑块设置要截取的开始位置和结束位置，单击【开始】按钮开始录制，单击【停止】按钮完成录制。

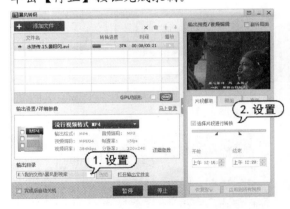

7.3 网络直播软件——PPTV

PPTV 是一款基于 P2P 技术的网络影视直播软件，支持对海量高清影视内容的"直播+点播"功能。可在线观看电影、电视剧、动漫、综艺、体育直播、游戏竞技或财经资讯等丰富的视频娱乐节目。

7.3.1 观看电视电影

要使用 PPTV 看电视电影，首先要下载和安装该软件。PPTV 安装成功后，就可以通过 PPTV 看最新的影视节目。

【例7-6】使用 PPTV 看电视电影。 ◎视频

step 1 启动 PPTV，在其主界面中选择【电视剧】标签，切换至【电视剧】界面，选择一部热播电视剧。

step 2 此时默认打开该电视剧第一集，显示播放界面。

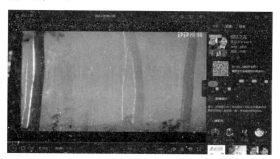

step 3 在右侧详情界面中单击第 2 集按钮，即可跳转到第 2 集播放。

step 4 关闭播放界面，返回初始界面，选择【电影】标签，选择一部电影进行播放。

step 5 此时播放该电影，单击下方的播放、暂停等按钮可以控制电影播放进度。

7.3.2　网络体育直播

　　PPTV 购买了足球西甲、英超、德甲联赛以及中超的播放权限，打开 PPTV 体育，可以轻松观看足球直播等体育节目。

【例 7-7】使用 PPTV 看足球直播。●视频

step 1 启动 PPTV，在其主界面中选择【体育】标签，切换至【体育】界面，在【热门】标签页下选择一场直播中的体育比赛。

step 2 单击播放按钮，即可播放直播比赛。

step 3 此时显示播放界面，用户可以选择暂停和停止播放直播节目。

7.3.3 搜索并播放节目

使用 PPTV 可以搜索关键词，找到网络上相关联的影视节目播放。如果想看经典的老电影，可以通过 PPTV 的影视库进行搜索。

例如在上面的文本框中输入"A 计划"，然后单击搜索按钮。

随后显示搜索到的结果，选择自己想看的节目，然后单击【立即播放】按钮即可播放该节目。

如果用户在观看视频的过程中突然有事离开或者遇到其他突发事件而中断了观看，则下次再次观看该视频时可以利用 PPTV 的历史功能从上次中断处继续观看。

在 PPTV 主界面的右上角单击【历史】按钮⊙，选择【查看全部】选项。

打开最近的播放记录，并显示视频已经播放的长度，单击想要继续观看的视频记录，即可从上次中断处继续观看该视频。

7.4 音频编辑软件——GoldWave

GoldWave 是一个功能强大的数字音乐编辑器，是一个集声音编辑、播放、录制和转换的音频工具。它还可以对音频内容进行格式转换。它体积小巧，功能却无比强大。它支持许多格式的音频文件，包括 WAV、OGG、VOC、IFF、AIFF、AIFC、AU、SND、MP3、MAT、DWD、SMP、VOX、SDS、AVI、MOV、APE 等格式。用户也可从 CD、VCD 和 DVD 或其他视频文件中提取声音。GoldWave 内含丰富的音频处理特效，从一般特效如多普勒、回声、混响、降噪到高级的公式计算(利用公式在理论上可以产生任何想要的声音)，可呈现多种效果。

7.4.1　裁剪 MP3 文件

裁剪 MP3 文件广泛用于手机铃声的制作。一般手机铃声只需要一首歌曲的高潮部分即可，而用 GoldWave 来操作非常方便。

【例 7-8】使用 GoldWave 裁剪 MP3 文件。 视频

step 1 启动 GoldWave 软件，单击【打开】按钮。

step 2 打开【打开声音】对话框，选择 MP3 文件，单击【打开】按钮。

step 3 载入 MP3 文件后，在 GoldWave 窗口中，可以看到白色和红色波形，在主界面窗口和【控制】窗口中将显示出对该声音文件进行编辑的一些按钮。

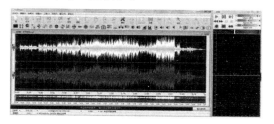

其中，比较常用的按钮含义如下。

➤ 撤销：当用户编辑 MP3 文件时，如果不小心操作错了，单击该按钮可以返回上一步操作。

➤ 重做：如果执行了【撤销】操作后，发现刚才做的操作是正确的，无须撤销，就可以用这个操作。

➤ 删除：将选中的部分删除。

➤ 修剪：将选择的声音波形删除，也就是相当于将声音文件中某一段裁剪掉。

➤ 显示：显示 MP3 所有波形。

➤ 播放：从 MP3 最开始处播放。

➤ 双竖线播放：从选择区域播放。

step 4 在 MP3 波形区域进行拖动，选择歌曲的一部分，单击 按钮，听一遍记下选取部分的位置，然后单击【修剪】按钮。

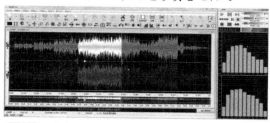

step 5 选择【文件】|【另存为】命令，打开【保存声音为】对话框，输入文件名称，单击【保存】按钮。

step 6 在文件内可以查看裁剪好的MP3文件。

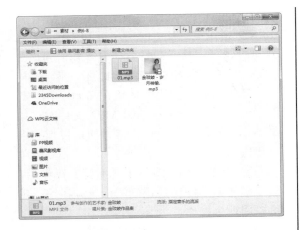

7.4.2　调整音质

用 GoldWave 修改 MP3 格式文件音质的方法比较多，其达到的效果相差不远。用户选择什么样的方法，需要根据具体的情况决定。

【例 7-9】使用 GoldWave 提高声音质量。●视频

step ① 启动 GoldWave 软件，打开需要修改音量的 MP3 文件。然后选择【效果】|【音量】|【自动增益】命令。

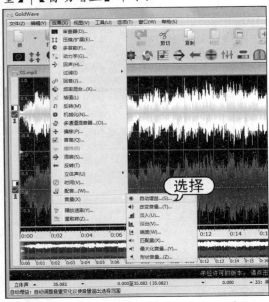

step ② 打开【自动增益】对话框，用户可以单击【预设】下拉按钮，并在打开的列表中选择方案。在【自动增益】对话框中调整声音后，单击 OK 按钮。

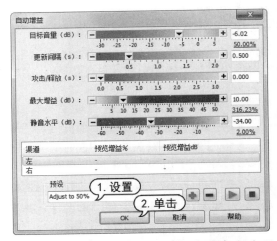

step ③ 在主界面中，用户可以查看声音波形的变化情况。

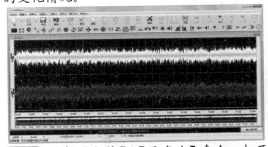

step ④ 选择【文件】|【另存为】命令，打开【保存声音为】对话框，输入文件名称，单击【保存】按钮即可保存更改后的文件。

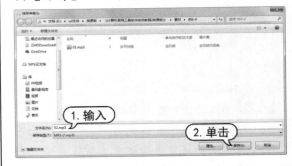

7.4.3　处理和合并音频

通过裁剪、增大音量和设置淡入等操作处理"01.mp3"文件，然后将其与"02.mp3"文件合并，并为合并后的文件增加回声效果。

【例 7-10】使用 GoldWave 处理并合并音频文件。●视频

step ① 启动 GoldWave 软件，单击【打开】

按钮，打开【打开声音】对话框，选择文件
"01.mp3"，单击【打开】按钮。

step ② 在编辑显示窗口选择开头的一部分
音频，单击工具栏上的【修剪】按钮。

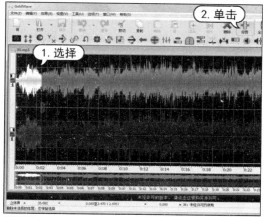

step ③ 保持所选音频内容，选择【效果】|
【音量】|【改变音量】命令。

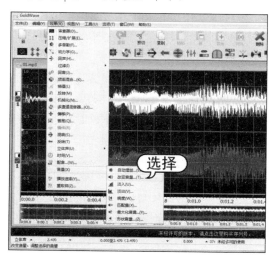

step ④ 打开【改变音量】对话框。在【预设】
下拉列表框中，选择 Double 选项，单击 OK
按钮。

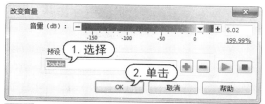

step ⑤ 选择音频前 1 秒部分，选择【效果】
|【音量】|【淡入】命令。

step ⑥ 打开【淡入】对话框。在【预设】下
拉列表框中选择一个选项，单击 OK 按钮。

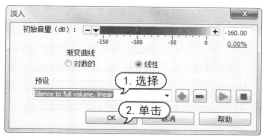

step ⑦ 完成淡入处理后，单击工具栏中的
【保存】按钮，保存修改。

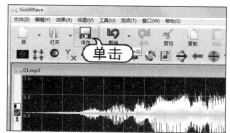

step 8 选择【工具】|【文件合并】命令，打开【文件合并】对话框，单击【添加文件】按钮。

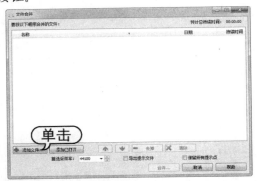

step 9 打开【添加文件】对话框，选择两个文件，单击 Add 按钮。

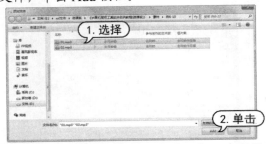

step 10 打开【保存声音为】对话框。在【保存在】下拉列表框中设置路径，在【文件名】

文本框中输入"合并"，在【保存类型】下拉列表框中选择最后一项 WMA 格式对应的选项，单击【保存】按钮。

step 11 打开【处理 文件合并】提示框，提示文件进行合并处理。

7.5 视频编辑软件——爱剪辑

"爱剪辑"是一款易用、强大的视频剪辑软件，也是全民流行的全能免费视频剪辑软件。完全根据国内用户的使用习惯、功能需求与审美特点进行全新设计，许多创新功能都颇具创造性。

7.5.1 快速剪辑视频

"爱剪辑"从一开始便以更适合中国用户的使用习惯与功能需求为出发点进行全新设计。它不需要视频剪辑基础，不需要理解"时间线""非编"等各种专业词汇，让一切都还原到最直观易懂的剪辑方式。

它具有更多人性化的创新亮点，更少纠结的复杂交互，更稳定的高效运行设计，更出众的画质和艺术效果，一切都所见即所得，随心所欲成为自己生活的导演。

【例 7-11】使用爱剪辑快速剪辑视频文件。◉视频

step 1 启动爱剪辑软件，选择【视频】选项卡，在视频列表下方单击【添加视频】按钮。

step 2 打开【请选择视频】对话框，选择视频文件，单击【打开】按钮。

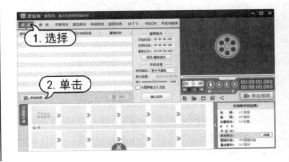

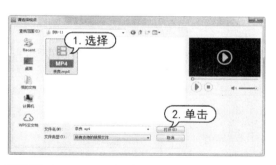

step 3 打开【预览/截取】对话框，拖动进度条到合适时间，单击【开始时间】后的 按钮，然后继续拖动进度条到合适时间，单击【结束时间】后的 按钮，单击【播放截取的片段】按钮可以查看截取的视频范围，然后单击【确定】按钮。

step 4 返回主界面，添加了截取视频，单击【导出视频】按钮。

step 5 打开【导出设置】对话框，设置导出选项，然后单击【浏览】按钮。

step 6 打开【请选择视频的保存路径】对话框，设置路径和文件名，单击【保存】按钮。

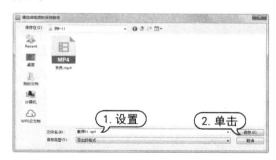

step 7 打开对话框，显示导出进度。

step 8 打开保存路径文件夹，显示导出的截取视频。

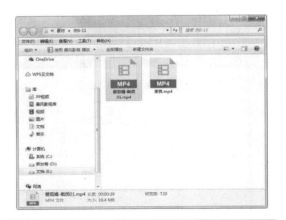

7.5.2 美化视频

爱剪辑可以美化视频,包括调色、磨皮、各种滤镜、炫光的恰当运用、去水印等操作。爱剪辑预置了几十种大片级调色方案,并加入了"程度"的概念,让用户可以借助程度、调色方案的灵活组合,快捷方便地调出丰富的色调,使剪辑作品更具表现力。

【例7-12】使用爱剪辑快速剪辑视频文件。 🔘 视频

step 1 启动爱剪辑软件,选择【视频】选项卡,在视频列表下方单击【添加视频】按钮。

step 2 打开【请选择视频】对话框,选择视频文件,单击【打开】按钮。

step 3 选择【画面风格】选项卡,在左侧栏切换到【美化】标签。可以看到【磨皮】

【美白】【肤色】等各种一键应用的调色和美颜功能。

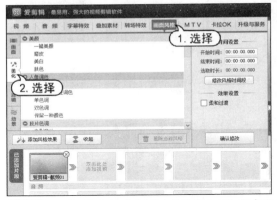

step 4 双击【画面色调】|【保留一种颜色】选项,打开【选取风格时间段】对话框,设置起始时间和结束时间,然后单击【确定】按钮。

step 5 返回主界面,在【效果设置】中设置效果,单击【确认修改】按钮。

step 6 选择【滤镜】标签,添加【晶莹光斑】滤镜效果。

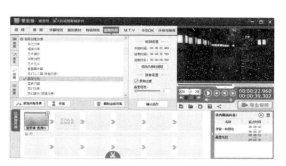

step 7 单击【导出视频】按钮，打开【导出设置】对话框，设置导出选项，然后单击【浏览】按钮。

step 8 打开【请选择视频的保存路径】对话框，设置路径和文件名，单击【保存】按钮。

7.5.3　合并视频

　　爱剪辑可以快速将多个视频合成一个视频，并对一个或多个视频进行精准到帧的复杂剪辑处理。

　　启动爱剪辑软件，选择【视频】选项卡，在视频列表下方单击【添加视频】按钮。打开【请选择视频】对话框，选择两个视频文件，单击【打开】按钮。

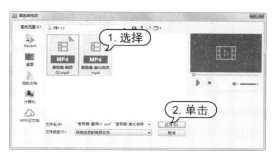

　　单击视频预览框右下角的【导出视频】按钮，在打开的【导出设置】对话框中，完成相关设置，单击【导出】按钮，即可合并【已添加片段】处的所有视频并导出。

7.6 格式转换工具——格式工厂

格式工厂是一套万能的多媒体格式转换器，提供以下功能：所有类型的视频、音频转换。用户可以在格式工厂中文版界面的左侧列表中看到软件提供的主要功能，如视频转换、音频转换、图片转换、DVD/CD/ISO 转换，以及视频合并、音频合并、混流等高级功能。格式工厂强大的格式转换功能和友好的操作性，无疑使格式工厂成为同类软件中的佼佼者。

7.6.1 设置选项

格式工厂软件安装完成后，启动该软件，其主界面如下图所示。

其主要组成部分的作用分别如下。

➤ 工具栏：单击该工具栏上的按钮，可实现更改输出文件夹，设置格式工厂参数和管理任务列表(包括删除任务、开始任务和停止任务)等操作。

➤ 功能区：该区域集合了视频、音频、图片和光驱设备等各种格式转换的功能，切换到需要转换的类型后，单击相应的格式图标即可设置并开始格式转换。

➤ 任务列表：在其中主要显示需要进行格式转换的任务和转换进度等信息。

单击格式工厂工具栏中的【选项】按钮，打开【选项】对话框。单击左侧列表框中的某个图标，即可在界面右侧进行参数设置。完成后单击【确定】按钮应用设置，单击【默认】按钮可恢复到默认设置。

使用格式工厂转换视频文件格式的方法为：单击功能区中某个目标视频格式对应的图标，在打开的对话框中添加需要转换的

视频文件。再根据需要进行输出设置，并指定转换后视频文件存储的文件夹，确认设置并在格式工厂操作窗口中单击【开始】按钮即可开始转换。

7.6.2 转换视频文件

使用格式工厂将 WMV 格式的视频文件转换为 480p 分辨率的 MP4 格式文件，通过转换实现文件大小的降低和声音的消除。

【例 7-13】使用格式工厂转换视频文件。 🔵 视频

step 1 启动格式工厂，单击功能区中【视频】栏下的 MP4 图标。

step 2 打开 MP4 对话框，单击【添加文件】按钮。

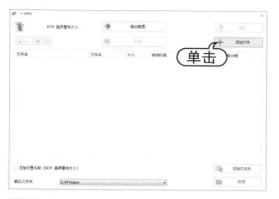

step 3 打开【打开】对话框，选择 WMV 格式文件，单击【打开】按钮。

step 4 返回 MP4 对话框，单击【输出配置】按钮。

step 5 打开【视频设置】对话框，在【预设配置】下拉列表框中选择 AVC 480p 选项。在下方列表框中的【关闭音效】选项右侧单击，选择当前设置的选项。单击下拉按钮，在打开的下拉列表中选择【是】选项，单击【确定】按钮。

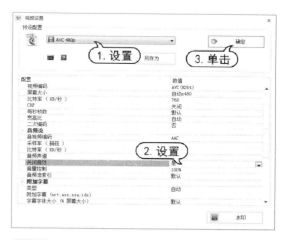

step 6 返回 MP4 对话框。单击右下角的【改变】按钮，打开【浏览文件夹】对话框。设置路径，单击【确定】按钮。

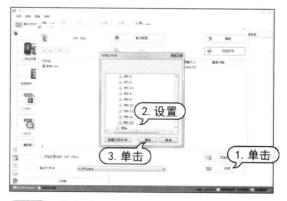

step 7 再次返回 MP4 对话框。单击【确定】按钮。此时，所选视频文件将添加到任务列表中，单击工具栏上的【开始】按钮。

step 8 开始转换视频文件并显示转换进度，当出现提示音且进度条上显示【完成】字样后，即表示本次转换操作成功。

7.7 音频格式转换工具——音频转换专家

音频转换专家具有强大的音频格式转换功能，同时还具有音频分割、截取、合并以及手机铃声制作等功能。该软件简单易用、功能强大、稳定性高，是目前使用较为普遍的音频格式转换工具之一。

7.7.1 转换音频格式

音频转换专家可以在多种音频格式之间进行转换，包括 MP3、WAV、WMA、APE 和 FLAC 等主流音频格式。其转换方法为：启动音频转换专家软件，打开音频转换专家窗口，单击【音乐格式转换】图标。

打开【音乐转换】窗口，单击【添加】按钮添加需要转换格式的音频文件，单击【下一步】按钮，并按照提示设置转换的格式、效果和输出位置即可。

7.7.2 分割音乐文件

分割音乐文件是指将一个音乐文件分割成若干个小音乐文件。音频转换专家在分割音乐文件时，支持按时间长度、尺寸大小、平均分割和手动分割等多种方式。具体操作如下。

【例 7-14】使用音频转换专家软件分割音乐文件。 视频

step 1 启动音频转换专家软件，单击操作窗口中的【音乐分割】图标。

step 2 打开【音乐分割】窗口，单击【添加文件】按钮。

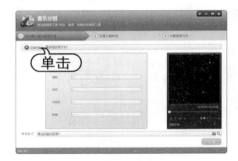

step 3　打开对话框,选择音乐文件,单击【打开】按钮。

step 4　返回【音乐分割】窗口,单击【保存路径】文本框右侧的【浏览计算机】按钮,打开【浏览计算机】对话框,在其中选择分割后文件的保存文件夹,单击【确定】按钮,单击【下一步】按钮。

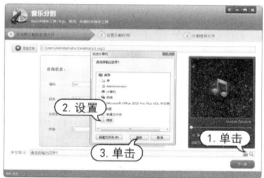

step 5　在当前窗口左侧可单击选中某个分割方式对应的选项。本例选中【平均分割】选项。将下方数值框中的数字设置为 4,依次单击【分割】按钮和【下一步】按钮。

step 6　音频转换专家将根据设置开始分割文件,完成后将打开提示框。单击【确定】

按钮。

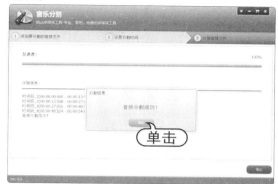

7.7.3　截取音乐文件

使用音频转换专家的截取音乐功能,可以将一段音频中的部分内容提取出来,并制作成一个独立的音频文件。启动音频转换专家,在其窗口中单击【音乐截取】图标。

此时,将进入【音乐截取】窗口。单击【添加】按钮添加需要截取的音频文件,并在音频栏下方拖动左侧滑块确定开始位置;拖动右侧滑块确定结束位置。设置截取后的文件保存的位置和名称,单击【截取】按钮。

7.7.4 合并音乐文件

使用音频转换专家可以将多个音频文件合并为一个音频文件。

首先启动音频转换专家软件，单击操作窗口中的【音乐合并】图标。

打开【音乐合并】窗口。单击【添加】按钮，将多个需要合并的音频文件添加到窗口中。在【输出格式】下拉列表框中选择合并后的音频格式，在【保存路径】文本框中设置合并后音频文件的保存位置和名称，单击【开始合并】按钮，完成后单击【确定】按钮。

知识点滴

合并音乐文件时，不仅可以将多个相同格式的音频文件进行合并，也可将不同格式的音频文件进行合并，其操作方法完全相同。

7.7.5 制作手机铃声

利用音频转换专家还可将某个音频制

作为 Iphone 的铃声。其方法为：启动音频转换专家，在窗口中单击【Iphone 铃声制作】图标。

打开【Iphone 铃声制作】窗口。单击【添加】按钮添加音频文件。在音频栏下方拖动左侧滑块确定开始位置，拖动右侧滑块确定结束位置。设置文件的保存位置和名称，单击【开始转换】按钮。

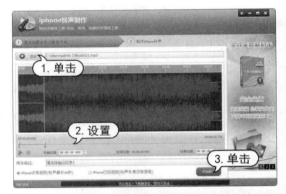

知识点滴

在音频转换专家窗口中单击【MP3 音量调节】图标，可在打开的窗口中添加 MP3 格式的音频文件。并在不影响音质的情况下通过设置【目标音量】文本框中的数值来调整该音频的音量大小。

【例 7-15】使用音频转换专家软件转换、截取音频制作铃声。 视频

step 1 启动音频转换专家软件，在打开的窗口中单击【音乐格式转换】图标。

step 2 打开【音乐转换】窗口，单击【添加】按钮。

step 3 打开【打开】对话框，选择文件，单击【打开】按钮。

step 4 返回【音乐转换】窗口，单击【下一步】按钮。

step 5 在当前窗口的【输出格式】下拉列表框中选择 WMA 格式对应的选项，在【输出质量】下拉列表框中选择【CD 音质】选项。

单击【输出目录】文本框右侧的【浏览计算机】按钮。

step 6 打开【浏览计算机】对话框。选择文件夹，单击【确定】按钮。返回【音乐转换】窗口，单击【下一步】按钮。

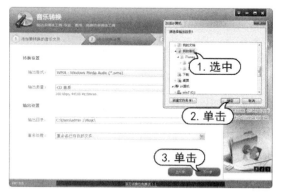

step 7 开始转换音频文件。完成后在打开的对话框中单击【确定】按钮，然后单击窗口右上角的【关闭】按钮。

step 8 返回音频转换专家主窗口,单击【音乐截取】图标。

step 9 打开【音乐截取】窗口,单击【添加文件】按钮。

step 10 打开【请添加音乐文件】对话框,选择前面转换后的文件,单击【打开】按钮。

step 11 返回【音乐截取】窗口,拖动音频栏右侧滑块至时间长度显示为 "00:00:15:00" 的位置(可直接在【结束时间】数值框中输入数值)。单击【保存路径】文本框右侧的【浏览计算机】按钮。

step 12 打开【请设置保存路径】对话框。在左侧列表框中选择路径,在【文件名】文本框输入【铃声】,单击【保存】按钮。

step 13 返回【音乐截取】窗口,单击【截取】按钮。

step 14 开始截取音频文件, 完成后在打开的提示框中单击【确定】按钮, 然后单击窗口右上角的【关闭】按钮。

step 15 返回音频转换专家主窗口, 单击【Iphone 铃声制作】图标。

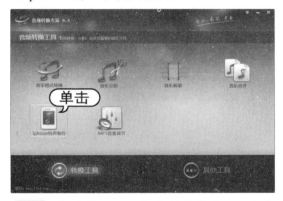

step 16 打开【Iphone 铃声制作】窗口, 单击【添加】按钮。

step 17 打开【请添加音乐文件】对话框。选择前面截取的文件"铃声", 单击【打开】按钮。

step 18 返回【Iphone 铃声制作】窗口, 单击【保存路径】文本框右侧的【浏览计算机】按钮。

step 19 打开【请填写保存文件名】对话框。在左侧列表框中选择路径, 在【文件名】文本框输入"铃声", 单击【保存】按钮。返回【Iphone 铃声制作】窗口, 单击【开始制作】按钮。

step 20 完成后在打开的提示框中单击【确定】按钮, 完成操作。

165

7.8 案例演练

本章的案例演练是使用网易云音乐收藏视频等几个案例操作,用户通过练习从而巩固本章所学知识。

7.8.1 收藏视频

【例 7-16】在网易云音乐中收藏视频。 视频

step 1 启动网易云音乐 PC 客户端,在搜索文本框中输入要收藏的视频名称。例如,输入"不染",然后单击【搜索】按钮。

step 2 搜索后在窗口中单击【视频】标签,在页面中单击一个视频。

step 3 此时打开该视频窗口,可以在播放器中控制播放进程,单击下面的【下载 MV】按钮可以下载该视频到计算机中,单击下面的【收藏】按钮可以收藏该视频。

step 4 此时单击【网易云音乐】按钮返回初始界面,在左侧列表中选择【我的音乐】|【我的收藏】选项卡,单击该界面中的【视频】标签。

step 5 此时可以看到新收藏的视频,单击该视频可以重新打开。

step ⑥　播放视频，可以在评论文本框内输入自己的评论然后发表。

7.8.2　使用爱奇艺看节目

爱奇艺积极推动产品、技术、内容、营销等全方位创新，为用户提供丰富、高清、流畅的专业视频体验，致力于让人们平等、便捷地获得更多、更好的视频。

【例 7-17】使用爱奇艺在线观看节目。● 视频

step ①　启动爱奇艺 PC 版，选择【电视剧】选项卡。

step ②　单击其中一个电视剧选项，即可打开该电视剧。

step ③　如果用户不是付费会员，将等待广告时间过去后，开始播放默认的第一集剧集。

step ④　单击右侧的剧集按钮，可以任意选择一集观看。

step ⑤　关闭播放器，返回主界面，选择【直播】选项卡，单击一个直播视频进行播放。

step ⑥ 选择【VIP 会员】选项卡，单击【开通 VIP 会员】按钮可以进行交费成为 VIP 会员。

step ⑦ 单击【菜单】按钮，打开菜单，选择【设置】命令。

step ⑧ 打开【设置】对话框，可以设置爱奇艺软件选项。

第8章

网络应用及通信软件

随着计算机网络技术的飞速发展，越来越多的用户已经开始习惯在互联网上浏览新闻、查阅邮件和进行网络即时聊天等。而这一系列的操作，都必须依赖于网络应用与通信软件，如网页浏览器、电子邮件软件、网络传输软件、网络通信和远程工具等。

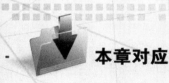 **本章对应视频**

8.1 网页浏览器——360 极速浏览器

要上网浏览信息必须要用到浏览器。360 极速浏览器是一款极速、安全的无缝双核浏览器。它基于 Chromium 开源项目，具有闪电般的浏览速度、完备的安全特性及海量丰富的实用工具扩展。它继承了 Chromium 开源项目超级精简的页面和创新布局，并创新性地融入国内用户喜爱的新浪微博、天气预报、词典翻译、股票行情等热门功能，在速度大幅度提升的同时，兼顾国内互联网应用。

8.1.1 浏览器特点

360 极速浏览器相对于其他浏览器具有安全和快速的特点，主要体现在以下方面。

1. 速度快

作为浏览器，速度显得尤为重要。360 极速浏览器，这款源自 Chromium 开源项目的浏览器，不但完美融合了 IE 内核引擎，而且实现了双核引擎的无缝切换，让网民既能享受到超高速上网的乐趣，又很好地兼容了国内互联网环境。近半年来，历经十余次的版本更新，360 极速浏览器在 JavaScript、Google V8、HTML5 等测试成绩上均保持国内领先地位。同时，360 极速浏览器还率先提出了"无缝切换"的双核理念。用户在网购等实际过程中，所有流程均可使用极速模式打开，只需在最终支付页面使用兼容模式，而在这个过程中传递的在线交易订单等数据不存在丢失现象，真正发挥双核引擎的速度优势。

2. 安全性高

360 极速浏览器是国内最安全的双核浏览器之一。360 极速浏览器集成了自己的安全技术，利用 360 的优势，集成了恶意代码智能拦截、下载文件即时扫描、隔离沙箱保护、恶意网站自动报警、广告窗口智能过滤等强劲功能，内置最全的恶意网址库，采用最新的云安全引擎。360 极速浏览器是一款安全的双核浏览器，拥有三大安全"武器"，能切实做到防患于未然，将木马病毒拒之门外。360 极速浏览器继承了 chrome "沙箱(sandboxing)"技术。它能将网页与 Flash 都安排在沙箱保护中运行，所以，当某个网页出现错误或者被病毒攻击时，不会导致整个浏览器或者其他程序关闭。这就像在网页程序、Flash 和用户计算机硬件之间撑起了一把隔离保护伞，可以有效防止携带病毒的网页危害整个计算机。360 极速浏览器在极速内核升级上一直遥遥领先于国内其他双核浏览器，就像为用户编织了一个不断更新的"防护盾"，确保速度更快、浏览更安全。

3. 丰富的功能扩展

360 极速浏览器拥有大量精选的功能扩展，满足用户的各种功能需求。例如为双十一推出了抢货神器，抢货神器不仅可以抢先快人一步打开抢购网页，特惠信息快人一步知道，而且同款宝贝可以快人一步找到，更独享 72000 元的网购先赔基金。用户只要使用拥有这四大法宝的抢货神器，抢购成功率可以提高十倍，让用户在双十一的起跑线上快人一步。

8.1.2 使用浏览器上网

360 极速浏览器的最新版本为 11。它的操作界面主要由标题栏、地址栏、标签页、状态栏和滚动条等几部分组成。

➤ 地址栏：用于输入要访问网页的网址。此外，在地址栏附近还提供了一些常用的功能按钮，如【前进】【后退】【刷新】等。

➤ 标签页：浏览器支持多页面功能，用户可以在一个操作界面中的不同选项卡中打开多个网页，单击标签页标签即可轻松切换。

➤ 滚动条：若访问网页的内容过多，无法在浏览器的一个窗口中完全显示时，则可以通过拖动滚动条来查看网页的其他内容。

【例 8-1】使用 360 极速浏览器浏览网页。●▬ 视频

step 1 启动 360 极速浏览器，在地址栏中输入网址：www.163.com，然后按下 Enter 键，打开网易的主页。

step 2 单击页面上的链接，可以继续访问对应的网页。

step 3 单击网站标签右侧的【打开新的标签页】按钮 ＋ ，即可打开一个新的标签页，其中会显示浏览器自带的推荐网站。

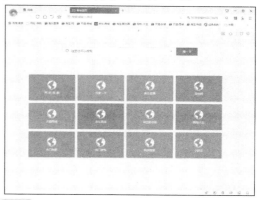

step 4 另外右击超链接，在弹出的快捷菜单中选择【在新标签页中打开链接】命令，即可打开一个新的标签页并且打开该链接网页。

8.1.3　搜索信息

上网查资料信息是用户经常会用到的操作，现在的搜索引擎有很多，包括百度和搜狗等，它们都有着自身的特点和优势。作为全球最大的中文搜索引擎，百度被绝大多数的中国家庭用户所使用。

1．使用百度搜索网页

搜索网页是百度最基本，也是用户最常用的功能。百度拥有全球最大的中文网页库。同时，百度在中国各地分布的服务器，能直接从最近的服务器上把所搜索到的信

息返回给当地用户，使用户享受到极快的搜索传输速度。

【例8-2】使用百度搜索网页。 视频

step 1 启动360极速浏览器，在地址栏中输入百度的网址：www.baidu.com，访问百度页面。

step 2 在页面的文本框中输入要搜索网页的关键字。本例输入"蓝牙音箱"，然后单击【百度一下】按钮。

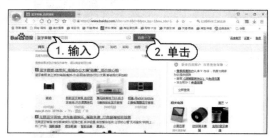

step 3 百度会根据搜索关键字自动查找相关网页，查找完成后，在新页面中以列表形式显示相关网页，单击一条超链接，即可打开对应的网页。

2. 使用百度搜索图片

百度图片拥有来自几十亿中文网页的海量图库，收录数亿张图片，并在不断增加中。用户可以在其中搜索想要的壁纸、写真、动漫、表情或素材等。

【例8-3】使用百度搜索图片。 视频

step 1 启动360极速浏览器，打开百度首页，单击【更多产品】|【图片】按钮。

step 2 打开【百度图片】页面，在文本框内输入"熊猫"，单击【搜索】按钮。

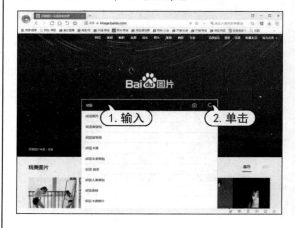

step 3 百度将搜索出满足要求的图片，并在网页中显示图片的缩略图，在页面中单击一张图片的缩略图。

step 4 此时可以显示大图，使用户能够更好地查看图片。

3. 使用百度搜索歌曲

在百度音乐中，用户可以便捷地找到最新、最热门的歌曲，更有丰富、权威的音乐排行榜，指引华语音乐的流行方向。

【例8-4】使用百度搜索歌曲。 🔘 视频

step 1 启动 360 极速浏览器，打开百度首页，单击【更多产品】|【音乐】按钮。

step 2 打开【千千音乐】页面，在文本框内输入"小天堂"，单击【搜索】按钮。

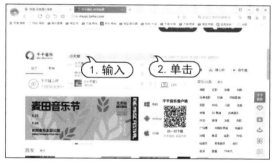

step 3 在打开的页面中，显示相关歌曲列表，单击一个歌曲链接。

step 4 打开新页面，自动播放歌曲。

8.1.4 收藏网址

使用浏览器浏览网页时，常常会有一些经常需要访问或比较喜欢的网页，用户可以将这些网页的网址保存到收藏夹中。当下次需要打开收藏的网页时，直接在收藏夹中选择该网页地址即可。

【例 8-5】将网易的网址添加到浏览器收藏夹中。
◎视频

step 1 启动 360 极速浏览器，在地址栏中输入网址：www.163.com，然后按下 Enter 键，打开网易的主页，右击网页空白处，在打开的快捷菜单中选择【添加到收藏夹】命令。

step 2 打开【添加收藏】对话框。在【名字】文本框中输入添加到收藏夹的网页名称，在列表框中选中添加到收藏夹的位置，然后单击【确定】按钮，即可添加网址到收藏夹。

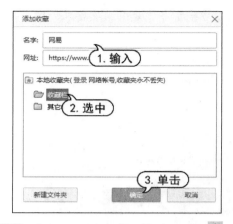

step 3 单击【显示收藏夹菜单】按钮☆，在下拉菜单中显示新收藏的网址。

step 4 在该下拉菜单中选择【管理收藏夹】命令，打开【收藏管理器】窗口，选择其中收藏的网址，显示两个按钮，✎为【修改】按钮，可以修改网址名称和地址，✖为【删除】按钮，可以删除收藏的网址。

8.1.5　保存网页

在浏览网页的过程中，如果看到有用的资料，可以将其保存下来，以方便日后使用。这些资料包括网页中的文本、图片等。为了方便用户保存网络中的资源，浏览器本身提供了一些简单的资源下载功能，用户可方便地下载网页中的文本、图片等信息。

如果用户想要在网络断开的情况下也能浏览某个网页，可将该网页整个保存下来。这样即使在没有网络的情况下，用户也可以对该网页进行浏览。

在要保存的网页中单击 三 按钮，在弹出的菜单中选择【保存网页】命令，打开【另存为】对话框，保存类型设置为 HTML 格式，输入文件名后，单击【保存】按钮。

8.2　网络交流软件——QQ

要想在网上与别人聊天，就要有专门的聊天软件。腾讯 QQ 就是当前众多的聊天软件中比较出色的一款。QQ 提供在线聊天、视频聊天、点对点断点续传文件、共享文件、网络硬盘、自定义面板、QQ 邮箱等多种功能，是目前使用最为广泛的聊天软件之一。

8.2.1　申请 QQ 号码

要使用 QQ 与他人聊天，首先要有一个 QQ 号码，这是用户在网上与他人聊天时对个人身份的特别标识。用户可以在腾讯的官网进行申请注册。

首先打开浏览器，在地址栏中输入网址：http://zc.qq.com/chs/index.html。然后按 Enter 键，打开 QQ 注册的首页。

输入昵称、密码、手机号码等文本框中的内容，单击【发送短信验证码】按钮，以获得手机短信验证码并输入文本框，然后单击【立即注册】按钮。

申请成功后，将打开【申请成功】页面。如下图所示的页面中显示的号码，就是刚刚申请成功的 QQ 号码。

8.2.2 登录 QQ 号码

　　QQ 号码申请成功后，就可以使用该 QQ 号码了。在使用 QQ 前首先要登录 QQ。双击系统桌面上的 QQ 的启动图标，打开 QQ 的登录界面。在【账号】文本框中输入 QQ 号码，然后在【密码】文本框中输入申请 QQ 时设置的密码。输入完成后，按 Enter 键或单击【登录】按钮。

　　此时，即可开始登录 QQ。登录成功后将显示 QQ 的主界面。

8.2.3 设置个人资料

　　在申请 QQ 的过程中，用户已经填写了部分资料。为了能使好友更加了解自己，用户可在登录 QQ 后，对个人资料进行更加详细的设置。

　　QQ 登录成功后，在 QQ 的主界面中，单击其左上角的头像图标，打开一个界面。单击其中的【编辑资料】链接，将展开可编辑个人资料的界面，用户可以输入个人资料信息。

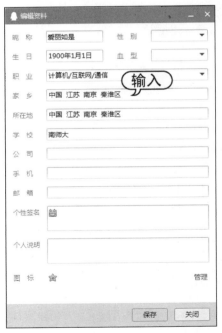

8.2.4 添加 QQ 好友

　　如果用户知道要添加的好友的 QQ 号码，

可使用精确查找的方法来查找并添加好友。

【例8-6】添加好友的QQ号码。　视频

step① 当QQ登录成功后，单击其主界面下方的【加好友】按钮。

step② 打开【查找】对话框，选择【找人】选项卡，在文本框中输入好友的QQ账号，单击【查找】按钮。

step③ 系统即可查找出QQ上的相应好友，选中该用户，然后单击按钮 +好友。

step④ 在【添加好友】对话框中要求用户输入验证信息，输入完成后，单击【下一步】按钮。

step⑤ 接着可以输入备注姓名和选择分组，这里默认保持原样，单击【下一步】按钮。

step⑥ 此时即可发出添加好友的申请，单击【完成】按钮等待对方验证。

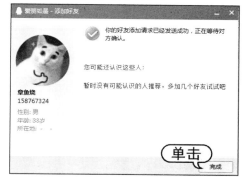

8.2.5　开始聊天对话

QQ中有了好友后，就可以与好友进行对话了。用户可在好友列表中双击对方的头像，打开聊天窗口，即可开始进行聊天。

1. 文字聊天

在聊天窗口下方的文本区域中输入聊天的内容，然后按下 Ctrl+Enter 键或者单击【发送】按钮，即可将消息发送给对方。

同时该消息以聊天记录的形式出现在聊天窗口上方的区域中，对方接到消息后，若对用户进行了回复，则回复的内容会出现在聊天窗口上方的区域中。

2. 语音视频聊天

QQ 不仅支持文字聊天，还支持语音视频聊天，要与好友进行语音视频聊天，计算机必须要安装摄像头和耳麦，与计算机正确连接后，用户就可以与好友进行语音和视频聊天了。

用户登录 QQ，然后双击好友的头像，打开聊天窗口。单击上方的【发起语音通话】按钮或者【发起视频通话】按钮，给好友发送语音或视频聊天的请求，等对方接受后，双方就可以进行语音视频聊天了(需要配置麦克风和摄像头)。

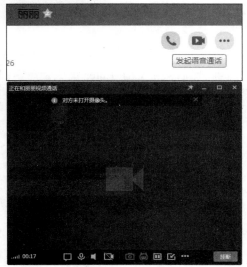

8.2.6 加入 QQ 群

QQ 群是腾讯公司推出的一个多人聊天服务。当用户创建了一个群后，可邀请其他的用户加入到一个群中共同交流。在其中可以很容易地找到一些志同道合的朋友。

用户可在 QQ 的主界面中单击【查找】按钮，打开【查找】对话框。选择【找群】选项卡，在左侧的不同类型的选项卡里，寻找个人有兴趣的类型群，例如，单击【生活休闲】|【旅行】链接。

此时显示多个群的简介，选择一个群，单击【加群】按钮。

在【添加群】对话框中输入验证信息，单击【下一步】按钮。

向该群发送加入请求，单击【完成】按钮，关闭该对话框并等待对方验证。

加入群后，选择 QQ 主面板上的【群聊】选项卡。双击群名称即可打开群聊天窗口和群友进行聊天了。

8.3 网络通信软件——微信

微信是腾讯公司推出的一款快速发送文字和照片、支持多人语音视频的手机聊天软件(也包含 PC 版)。用户可以通过手机或平板电脑快速发送语音、视频、图片和文字信息，还可以通过朋友圈将精彩内容快速分享给微信好友。

8.3.1 注册并登录微信

用户可通过豌豆荚手机助手、360 手机助手或腾讯手机助手等软件在手机或平板电脑上下载和安装微信客户端，微信安装成功后，在手机上单击微信的启动图标，可启动微信。

在微信的主界面中单击【注册】按钮，然后按照系统提示即可进行注册。

要使用计算机访问微信与好友聊天，用户需要在手机上安装并注册一个微信账号，然后在计算机上使用浏览器访问"微信网页版"(https://wx.qq.com/)，并使用手机微信上的【扫一扫】功能扫描。

扫描网页二维码，并在手机上确认登录微信网页版。

成功登录微信网页版后，用户可以使用计算机向微信好友发送聊天信息。

登录微信网页版后，在浏览器中单击【通讯录】按钮，在显示的微信好友列表中单击好友的头像，在显示的选取区域中单击【发消息】按钮。

8.3.2 添加朋友聊天

新注册的微信还没有联系人，我们可以通过微信号来添加联系人。在微信主界面的右上角单击 按钮，选择【添加朋友】命令。

打开【添加朋友】界面，在【搜索】文本框中输入要添加的朋友的微信号，单击【搜索】按钮，然后添加即可。

在打开的聊天界面的底部输入聊天内容，然后按下 Enter 键即可向好友发送聊天消息。

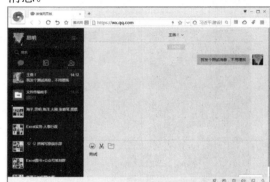

8.3.3 创建聊天群

如果用户需要同时和多个微信好友聊天，可以通过微信网页版创建一个聊天群组。

单击页面顶部的 ∨ 按钮，在显示的选项区域中单击【+】按钮，在打开的【发起聊天】列表中选择需要加入群组的好友，单击【确定】按钮。

此时将在窗口左侧的聊天列表中创建一个群组聊天，右击群组聊天名称，在弹出的快捷菜单中选择【修改群名】选项。

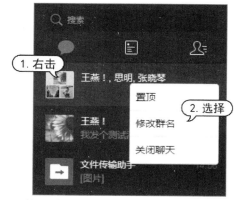

然后在打开的对话框中输入群组聊天名称，并单击【确定】按钮，修改群组聊天名称。

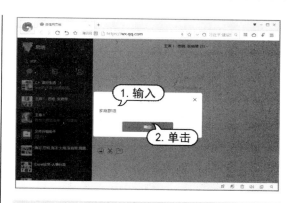

8.3.4 分享朋友圈

通过微信的朋友圈分享功能，可将自己拍的照片、感兴趣的内容、有用的知识等分享给自己的微信好友。

在微信主界面中切换至【发现】标签，然后单击【朋友圈】按钮，在该界面中，可以看到好友的分享。

若要分享自己拍的照片，可单击右上角相机形状的按钮，在打开的界面中选择【拍照】选项，可直接启动相机进行拍照；选择【从手机相册选择】选项，打开手机相册，从中选择想要分享的图片，然后单击【完成】按钮。

在打开的界面中输入分享时想要说的

话，然后单击【发送】按钮，即可完成分享。

8.4 电子邮件软件——Foxmail

Foxmail 是一款优秀的国产电子邮件客户端软件，提供基于 Internet 标准的电子邮件收发、数字签名和加密、本地邮箱邮件搜索及强大的反垃圾邮件等多项功能。Foxmail 致力于为用户提供更便捷、更舒适的使用体验。

8.4.1 创建邮箱账户

电子邮件又称 E-mail，它可以快捷、方便地通过网络跨地域传递和接收信息。

电子邮件与传统信件相比，主要有以下几个特点。

➤ 使用方便：收发电子邮件都是通过计算机完成的，且收发电子邮件无地域和时间限制。

　　▶ 速度快：电子邮件的发送和接收通常只需要几秒钟的时间。

　　▶ 投递准确：电子邮件按照全球唯一的邮箱地址进行发送，保证准确无误。

　　▶ 内容丰富：电子邮件不仅可以传送文字，还可以传送多媒体文件，如图片、声音和视频等。

　　邮件客户端是指使用 IMAP/APOP/PO P3/SMTP/ESMTP 协议收发电子邮件的软件。用户无须登录不同的账户网页就可以收发邮件。在使用 Foxmail 邮件客户端收发电子邮件之前，需要先创建相应的邮箱账号，其具体操作如下。

【例 8-7】创建并设置 Foxmail 邮箱账户。 🔴▶视频

step 1 启动 Foxmail 邮件客户端，软件会自动检测计算机中已有的邮箱数据。

step 2 稍候，软件自动打开【新建账号】对话框。在【E-mail 地址】和【密码】文本框中输入相应内容，单击【创建】按钮。

step 3 软件提示设置成功。单击【完成】按钮。

step 4 单击主界面右上角的设置按钮 ☰，在弹出的下拉菜单中选择【账号管理】命令。

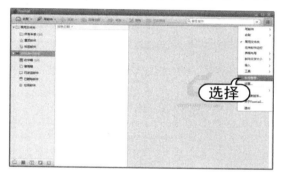

step 5 打开【系统设置】对话框。单击【新建】按钮，打开【新建账号】对话框。

step 6 按照相同的方法进行设置，即可添加多个电子邮箱账号并依次显示在主界面的左侧，方便用户查看。

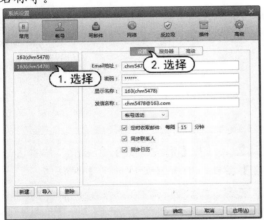

step 7 在左侧列表中选择要查看的账号,在右侧选择【设置】选项卡。在其中可以设置 E-mail 地址和密码、显示名称和发信名称等。

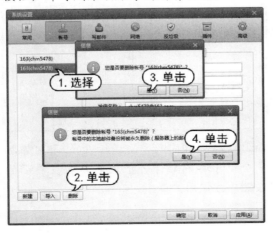

step 8 选择列表中的任一账号,单击【删除】按钮,打开【信息】提示框。依次单击【是】按钮,即可删除该账号的所有信息。

8.4.2 接收和回复邮件

使用 Foxmail 邮件客户端接收和发送邮件是最基本和最常用的操作。下面介绍使用 Foxmail 接收邮件并查看已接收邮件的具体内容。

【例 8-8】在 Foxmail 邮箱客户端中接收和回复邮件。 🎬 视频

step 1 启动 Foxmail 邮件客户端,在左侧的邮件列表框中选择要收取邮件的邮箱账号。选择邮箱账号下的【收件箱】选项。此时,右侧列表框中将显示该邮箱中的所有邮件。其中,"深蓝色"图标表示该邮件未阅读,"浅蓝色"图标表示该邮件已阅读。选择邮件,在其右侧列表框中将显示该邮件的内容,在中间的邮件列表框中双击邮件,将显示邮件内容。

step 2 阅读完邮件后,单击工具栏中的【回复】按钮进行回复。

step 3 在打开的窗口中,程序已经自动填写【收件人】和【主题】,并在编辑窗口中显示原邮件的内容。根据需要输入回复内容后,单击工具栏中的【发送】按钮,即可完成回复邮件的操作。

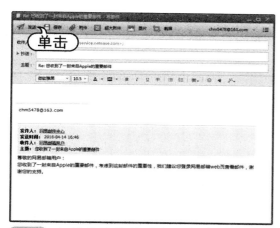

step 4 如果要将接收的电子邮件转发给其他人,可以单击工具栏中的【转发】按钮。在打开的窗口中填写收件人地址后,再单击工具栏中的【发送】按钮。

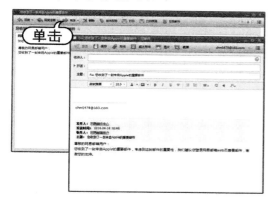

8.4.3 新建地址簿分组

Foxmail 邮件客户端提供了功能强大的地址簿,通过它能够方便地管理邮箱地址和个人信息。地址簿以名片的方式存放信息,一张名片对应一个联系人的信息,其中包括联系人姓名、电子邮件地址、电话号码以及单位等内容。下面将常联系的用户新建一个组,并将所有的同事添加到该组中,然后就可以群发邮件了,其具体操作如下。

【例 8-9】新建地址簿分组。 ◉视频

step 1 启动 Foxmail 邮件客户端,在左侧邮箱列表框底部单击【地址簿】按钮,切换至【地址簿】界面。在左侧邮箱列表框中选择【本地文件夹】选项,单击界面左上角的【新建联系人】按钮。

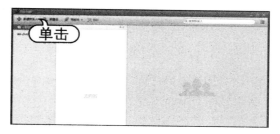

step 2 打开【联系人】对话框。其中,包括【姓】【名】【邮箱】【电话】和【附注】5项。这里输入前 3 项后,单击【保存】按钮。如果需要填写更多的联系人信息,可以单击【编辑更多资料】按钮,展开对话框并在剩余的选项卡中输入信息。

step 3 单击【新建组】按钮,打开【联系人】对话框。在【组名】文本框中输入"同事",然后单击【添加成员】按钮。

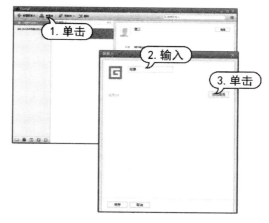

step 4 打开【选择地址】对话框。在【地址簿】列表中显示了【本地文件夹】的所有联系人信息,选择需要添加到【同事】组中的联系人,单击 → 按钮或在联系人上双击。

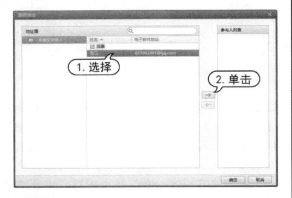

step 5 此时,右侧的【参与人列表】列表框中就会自动显示添加的联系人,单击【确定】按钮。

step 6 按照相同的方法进行设置,即可添加多个电子邮箱账号并依次显示在主界面的左侧,方便用户查看。

8.5 下载软件——迅雷

迅雷是一款基于 P2SP(Peer to Server&Peer,点对服务器和点)技术的免费下载工具软件,能够将网络上存储的服务器和计算机资源进行整合,构成独特的迅雷网络,各种数据文件能以最快的速度在迅雷网络中进行传递。该软件还自带病毒防护功能,可以和杀毒软件配合使用,以保证下载文件的安全性。

8.5.1 设置下载路径

用户可以在网络上下载一些需要的文件、视频或相关资料,在下载过程中可以设置下载完成后文件保存的路径。下面详细介绍设置下载路径的操作方法。

【例8-10】设置迅雷下载路径。 🔘 视频

step 1 启动迅雷软件,单击【主菜单】按钮,弹出下拉菜单,选择【设置中心】命令。

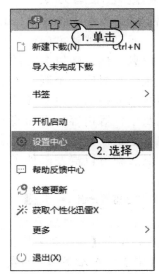

step 2 打开【设置中心】窗口，选择【基本设置】选项卡，在【下载目录】区域内单击 📁 按钮。

step 3 打开【选择文件夹】对话框，选择下载文件保存的文件夹，单击【选择文件夹】按钮。

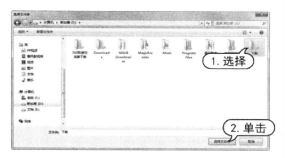

step 4 返回【设置中心】窗口，完成下载路径的设置。

8.5.2　搜索和下载文件

使用迅雷可以快速地在网上搜索并下载文件，具有下载速度快，操作非常简便的特点。下面以下载软件为例，详细介绍搜索与下载文件的操作方法。

【例 8-11】使用迅雷下载软件。📹视频

step 1 启动迅雷软件，打开浏览器，输入网址 www.baidu.com，打开百度搜索引擎。在搜索文本框中输入"迅雷影音"，按 Enter 键，查找并单击官网链接。

step 2 右击【立即下载】按钮，在弹出的快捷菜单中选择【使用迅雷下载】命令。

step 3 自动弹出对话框，选择下载文件存储的路径，这里保持默认即可，单击【立即下载】按钮。

step 4 打开迅雷下载页面，其中会显示下载进度、时间等相关信息。

step 5 文件下载完毕后,选择【已完成】选项卡,可以看到下载完成的任务。

step 6 任务栏上弹出提示框,单击【立即打开】按钮可以直接运行该软件。

8.5.3 设置限速选项

在迅雷中,还可以根据需要对下载的速度进行限制。在迅雷底部工具栏中,单击【下载计划】按钮,在弹出的快捷菜单中选择【限速下载】命令。

打开对话框,选中各个复选框,在【最大下载速度】和【最大上传速度】中调整滑块设置数值,在【限速下载时间段】中设置限速时间,单击【确定】按钮。

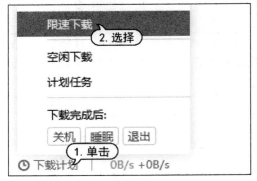

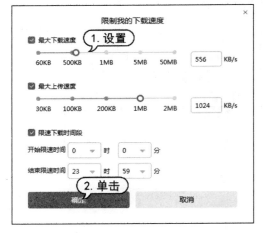

8.6 云盘存储软件——百度网盘

百度网盘(原百度云)是百度推出的一项云存储服务,已覆盖主流 PC 和手机操作系统,包含 Web 版、Windows 版、Mac 版、Android 版、iPhone 版和 Windows Phone 版。用户可以轻松将自己的文件上传到网盘上,并可跨终端随时随地查看和分享。

8.6.1 百度网盘特色

百度网盘个人版是百度面向个人用户的网盘存储服务,满足用户工作生活各类需求,提供多元化数据存储服务,用户可自由管理网盘存储文件。主要有以下特色。

➤ 超大空间:百度网盘提供 2TB 永久

免费容量。可供用户存储海量数据。

➤ 文件预览：百度网盘支持常规格式的图片、音频、视频、文档文件的在线预览，无须下载文件到本地即可轻松查看文件。

➤ 视频播放：百度网盘支持主流格式视频的在线播放。用户可根据自己的需求和网络情况选择"流畅"和"原画"两种模式。百度网盘 Android 版、iOS 版同样支持视频播放功能，让用户随时随地观看视频。

➤ 离线下载：百度网盘 Web 版支持离线下载功能。已支持 http/ftp/电驴协议/磁力链和 BT 种子离线下载。通过使用离线下载功能，用户只需提交下载地址和种子文件，即可通过百度网盘服务器下载文件至个人网盘。

➤ 在线解压缩：百度网盘 Web 版支持在线解压 500MB 以内的压缩包，查看压缩包内的文件。同时，可支持 50MB 以内的单文件保存至网盘或直接下载。

➤ 快速上传(会员专属)：百度网盘 Web 版支持最大 4GB 单文件上传，充值超级会员后，使用百度网盘 PC 版可上传最大 20GB 单文件。上传不限速，可进行批量操作，轻松便利。网络速度有多快上传速度就有多快。同时，还可以批量上传，方便实用。

8.6.2　下载资源

网络上可以查找百度网盘格式的相关资源，比如打开一个提供网盘资源下载的网站，单击一个下载链接。

弹出窗口，输入网站提供的提取码，然后单击【提取文件】按钮。

在打开的页面中单击【下载】按钮，将启动百度网盘客户端。

打开【设置下载存储路径】对话框，单击其中的【浏览】按钮。

打开【浏览计算机】对话框，设置保存路径，然后单击【确定】按钮。

返回【设置下载存储路径】对话框，单击【下载】按钮即可开始下载。

此时客户端显示下载进度、时间、大小等信息。

下载完毕后，选择客户端的【传输列表】选项卡，在左侧列表中选择【传输完成】选项卡，选择刚下载的文件选项，单击【打开所在文件夹】按钮即可在文件夹内找到下载文件。

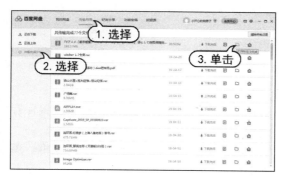

8.6.3 上传文件至百度网盘

使用百度网盘可以把计算机本地文件上传至网盘中，这样可以节省硬盘空间，同时也满足了只要有网络即可随时随地从网盘下载所需文件。

【例8-12】上传文件至百度网盘中。🎬视频

step 1 启动百度网盘客户端，在主界面中单击【上传】按钮。

step 2 打开对话框，选择要上传的文件，单击【存入百度网盘】按钮。

step 3 打开【传输列表】选项卡，在界面左侧选择【正在上传】选项卡，显示上传进度信息。

step 4 上传完毕后，返回【我的网盘】选项
卡，显示刚刚上传的文件。

8.6.4 分享网盘内容

保存在百度网盘的文件，用户也可以分
享给其他安装百度网盘的人。

首先选中打算分享的文件或者文件夹，
然后页面上方即可显示【分享】按钮，单击
该图标。

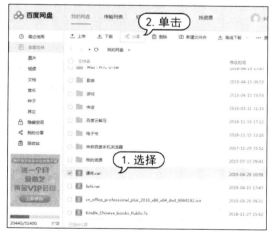

百度网盘提供两种分享方法，一种是直
接发送给网盘好友，这个方法相对简单，就
和微信上发送文件是一样的；如果选择链接
分享，那么创建一个链接以后将此链接连同
对应的密码(注：密码自动生成)直接发送给
他人即可，这里选中【有提取码】和【7 天】

单选按钮，表示提供的链接带提取码，并只
保留 7 天有效时间，然后单击【创建链接】
按钮。

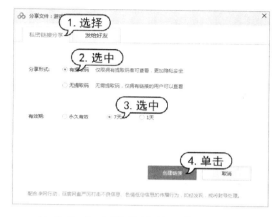

软件将自动提供链接和提取码，单击
【复制链接及提取码】按钮。

然后将复制内容粘贴在分享软件中，比
如 QQ、微信里，发送出去即可分享网盘内容。

8.7 案例演练

本章的案例演练是使用 QQ 传输文件等几个实例操作,用户通过练习从而巩固本章所学知识。

8.7.1 使用 QQ 传输文件

【例 8-13】通过 QQ 给好友和群内传输文件。

📀视频

step 1 登录 QQ 软件,双击好友的头像,打开聊天窗口。单击中间的【发送文件】按钮 □, 在打开的菜单中选择【发送文件/文件夹】命令。

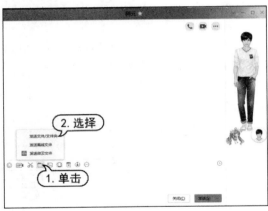

step 2 打开【选择文件/文件夹】对话框,选择要发送的文件,单击【发送】按钮。

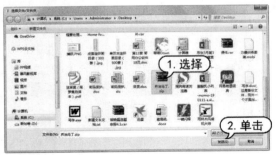

step 3 返回聊天窗口,发送文本框内显示文件,单击【发送】按钮。

step 4 向对方发送文件传送的请求,等待对方的回应。

step 5 当对方接受发送文件的请求后,即可开始发送文件。发送成功后,将显示发送成功的提示信息。

step 6 如果要在 QQ 群内发送一个文件,用户可以打开一个群后,单击中间的【上传文件】按钮 □。

step 7 打开【打开】对话框,选择要发送的文件,单击【打开】按钮。

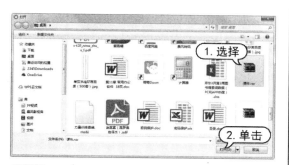

step 8 此时开始上传文件并显示上传进度信息。

step 9 上传完毕后，选择【文件】选项卡，显示上传的文件，该群内的用户可以在此处下载该文件。

8.7.2 使用 pcAnywhere 远程工具

Symantec pcAnywhere 结合了远程控制、全方位的远程管理、高级的文件传输功能和强健的安全性，提高了技术支持效率并减少了呼叫次数。使用 Symantec pcAnywhere，可实现对 Linux 和 Windows 系统的远程管理，从而避免使用命令行 Linux 工具。

【例 8-14】使用 pcAnywhere 远程工具。

step 1 在需要被远程控制的计算机中，双击 Symantec pcAnywhere 软件启动程序，选择【查看】|【转到高级视图】命令。

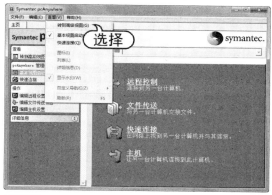

step 2 在左侧 pcAnywhere 窗口中，选中【主机】选项。在【操作】窗口中，选中【添加】选项。

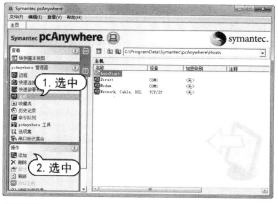

step 3 打开【连接向导-连接模式】对话框，选中【等待有人呼叫我】单选按钮，单击【下一步】按钮。

step 4 打开【连接向导-验证类型】对话框。选中【我想使用一个现有的 Windows 账户】单选按钮,单击【下一步】按钮。

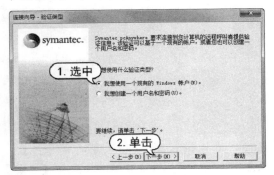

step 5 打开【连接向导-选择账户】对话框。在【您想让远程呼叫者使用哪个本地账户】下拉列表中,选择一个账户,单击【下一步】按钮。

step 6 打开【连接向导-摘要】对话框。选中【连接向导完成后等待来自远程计算机的连接】复选框,单击【完成】按钮。

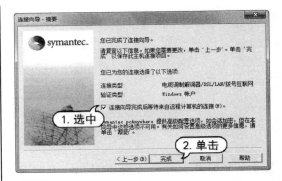

step 7 返回 Symantec pcAnywhere 窗口。在【主机】列表框中,选中【新主机】选项。在左侧【操作】窗口中,选中【属性】选项。

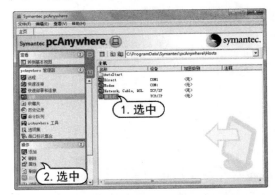

step 8 打开【主机 属性: 新主机】对话框。根据需要设置各项属性,单击【确定】按钮。

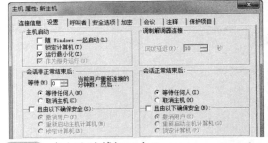

step 9 在本地计算机双击 Symantec pcAnywhere 软件启动程序,选择【查看】|【转到高级视图】命令,在打开的窗口中,选中【远程】选项,在【操作】窗口中,选中【添加】选项。

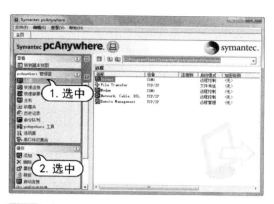

step 10 打开【连接向导-连接方法】对话框。选中【我想使用电缆调制解调器/DSL/LAN/拨号互联网 ISP】单选按钮，单击【下一步】按钮。

step 11 打开【连接向导-目标地址】对话框。在【您要连接的计算机的 IP 地址是什么】文本框中输入被远程控制计算机的 IP 地址，单击【下一步】按钮。

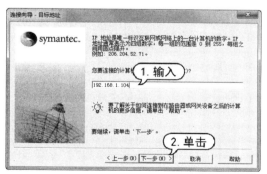

step 12 打开【连接向导-摘要】对话框。选中【连接向导完成后连接到主机计算机】复选框，单击【完成】按钮。

step 13 返回 Symantec pcAnywhere 窗口，选中新添加的【新远程】选项。在左侧的【操作】窗口中，选中【属性】选项。

step 14 打开【远程 属性：新远程】对话框，选中【远程控制】单选按钮。

step 15 选择【设置】选项卡，选中【连接后自动登录到主机】复选框。在【登录名】【密码】文本框中，分别输入目标主机的登录名和密码，然后单击【确定】按钮。

step 16 返回 Symantec pcAnywhere 窗口。在左侧的【pcAnywhere 管理器】窗口中，选中【快速连接】选项。在文本框中输入被远程控制的计算机的 IP 地址，单击【连接】按钮，即可与被远程控制的计算机连接。

step 17 在左侧的【pcAnywhere 管理器】窗口中，选中【快速部署和连接】选项，查看本地计算机所在组。

step 18 选中需要连接的被远程控制的计算机名称，单击【连接】按钮。

知识点滴

　　pcAnywhere 可以将用户计算机当成主控端去控制远方另一台同样安装有 pcAnywhere 的计算机(被控端)，可以使用被控端计算机上的程序或在主控端与被控端之间互传文件。

step 19 打开【连接到】对话框，在【域名\用户名】【密码】文本框中输入相应内容，单击【确定】按钮。

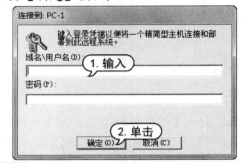

step 20 操作无误连接成功后，即可看到被远程控制的计算机屏幕。

第 9 章

虚拟设备软件

　　使用虚拟设备软件，可以在操作系统中创建一个事实上不存在的设备或设备平台，以进行工作。在日常工作和生活中，虚拟设备软件的应用非常广泛。了解虚拟设备软件的使用方法，可以更有效地利用计算机资源，最大限度地挖掘硬件的潜力。

 **本章对应视频**

9.1 虚拟设备简介

虚拟设备,顾名思义,是一种"虚拟的"硬件设备。虚拟设备往往通过一个特殊的软件系统,模拟出硬件设备的部分或全部功能,以满足用户的需要。

9.1.1 虚拟设备的用途

计算机中每种物理设备都有其独特功能。例如,光驱可以读取光盘中的内容;硬盘可以存储数据;打印机可以将信息输出到纸张上等。在各种软件的控制下,硬件都可以有条不紊地工作。

然而,并非所有的计算机都会安装这些硬件设备。有些计算机由于种种原因,往往只安装了一些基本的硬件设备,如 CPU、主板、内存、显卡等,未安装光驱、打印机等可选安装设备。

虚拟设备是一种以软件模拟出来的设备。其在物理计算机中并不存在,只是依靠计算机操作系统内安装的软件,"骗"过操作系统,使操作系统认为存在这一种设备,并且可以使用。

1. 虚拟设备的特点

如果用户在使用计算机时,需要使用未安装的设备,则需要使用虚拟设备模拟物理硬件的功能。虚拟设备主要有以下特点。

➤ 设备维护不同:虚拟设备虽然能承担一部分物理设备的功能,但相对于物理设备而言,虚拟设备是看不见摸不着的。当物理设备损坏时,用户可以将物理设备从计算机上拆除下来维修和更换。而虚拟设备损坏时,则无须也无法将其从计算机中拆除下来,只能重新安装虚拟设备所使用的软件。

➤ 占用系统资源:虚拟设备的原理就是牺牲一部分计算机的系统资源,换取对另一些硬件设备功能的模拟和支持。

2. 虚拟设备的用途

虚拟设备的出现是未来计算机的趋势,不管在服务器领域、个人桌面领域,都逐渐开始发挥作用。目前的虚拟设备可以实现以下用途。

➤ 提高计算机资源的使用效率:在计算机中,当大量系统资源被闲置时,可以使用虚拟设备技术,将一台计算机虚拟化为多台计算机,或将一种硬件设备虚拟化为其他多种硬件设备,满足多项操作或命令的需要。

➤ 满足特殊的软件需要:在使用计算机的软件时,许多软件都需要特殊的硬件设备支持。可以通过虚拟设备技术,消耗一部分计算机资源,模拟出所需的硬件设备,以满足软件需要,保障软件的稳定运行。

➤ 减小物理设备损耗:在计算机中,很多硬件设备都是有使用寿命的,频繁使用这些硬件,可能造成硬件性能下降甚至损坏和报废。虚拟设备技术可以有效地保护这些物理设备。

9.1.2 认识虚拟光驱

虚拟光驱是一种模拟光驱的虚拟设备软件。虚拟光驱是将各种光盘中的文件打包为一个光盘映像文件并存储到硬盘中。再通过虚拟光驱软件创建一个虚拟的光驱设备,将映像文件放入虚拟光驱中使用。

虚拟光驱软件的用途非常广泛。在使用虚拟光驱软件时,只要将原光盘文件存储为硬盘映像,即可随意将这些映像方便地插入虚拟光驱中,无须再使用光盘。虚拟光驱软件主要有以下优点。

➤ 读取速度快:在当前技术水平下,光驱的数据读取速度相比硬盘而言是非常缓慢的。使用虚拟光驱软件,可以将光盘映像存储到硬盘上。这样,在读取这些光盘内容时,可以获取如硬盘一样的读取速度,大大提高了程序运行的效率。

➤ 使用限制小:很多特殊用途的计算机往往由于体积、重量等限制,无法安装光驱。用户可以在其他有光驱的计算机中，将光盘制作为光盘映像，通过网络或其他可移动存储方式，将光盘映像复制到这些计算机中，再使用虚拟光驱软件导入光盘映像，安装软件或播放视频。

▶　节省设备采购成本：虽然单个光驱的采购价格并不贵，但是对于大型商业用户而言，采购几百上千台计算机时，每台计算机上的光驱是一笔不小的开销。使用虚拟光驱软件后，用户可以只采购少量光驱，在其他无光驱计算机中安装虚拟光驱满足日常应用。

▶　提高光盘管理效率：对于购买了大量软件的用户而言，管理这些软件的光盘是一项非常烦琐的工作。使用虚拟光驱软件，可以将各种光盘制作成光盘映像，提高查找光盘内容的效率。

9.1.3　认识虚拟机

虚拟机是另一种常用的虚拟设备软件。它可以通过软件模拟一个计算机系统，将系统完全与物理计算机隔离。通过虚拟机软件，用户可以在一台物理计算机中模拟多个虚拟计算机，同时运行这些计算机中的程序，而这些程序之间互不干扰。

1. 虚拟机的原理

在各种操作系统中，都会提供一些应用程序接口，多数基于这些操作系统的软件，都需要调用操作系统的应用程序接口，以实现各种功能。在不同的操作系统中，应用程序接口也是各不相同的。例如，Windows 操作系统的应用程序接口就和 Linux 操作系统的完全不同。因此，在 Windows 操作系统下可以正常工作的软件，往往不能在 Linux 操作系统下运行。

虚拟机技术是一种特殊的编程技术，其事实上是一种代码模拟技术，作用是读取本地物理计算机操作系统中的各种应用程序接口，然后将其转换为其他操作系统中的应用程序接口，以供虚拟的操作环境使用。

2. 虚拟机的分类

根据具体的用途和与物理计算机的相关性，虚拟机系统可以分为两类，即系统虚拟机和程序虚拟机。

▶　系统虚拟机：系统虚拟机提供一个完整的、可以运行操作系统的高度仿真系统平台。典型的系统虚拟机包括 VMware 公司的 VMware Workstation 和微软公司的 Virtual PC 系列等。系统虚拟机可以在磁盘上创建一个文件作为虚拟磁盘文件，然后允许用户按照物理计算机的方式，在虚拟磁盘文件中进行分区、格式化、安装操作系统和软件等操作。在一台物理计算机系统中，往往可以允许多台这样的虚拟机系统，为多个用户提供服务。

▶　程序虚拟机：在计算机中使用的各种应用程序往往是针对某个平台或某种操作系统，经过代码编译而成的。如果需要移植到另一种平台下，就必须对代码进行重新编译。单独的代码往往是无法直接执行的。程序虚拟机是一种应用非常广泛的虚拟机，其主要是为运行某类计算机程序而设计的，往往只支持单进程的程序。

3. 虚拟机的应用

如今，虚拟机技术已经广泛应用于几乎所有的服务器和个人计算机平台上。虚拟机技术的出现对于计算机和网络产业具有重大意义，虚拟机可以应用在以下几方面。

▶　计算机教育：在计算机教育行业，经常需要教授学生一些具有一定"危险性"的操作，如磁盘格式化、分区、安装操作系统等。如果让学生使用物理计算机来完成这些操作，往往成本比较高，一旦误操作，很容易造成硬件或软件的损坏。虚拟机允许用户在每台计算机上安装一个虚拟的操作系统环境，并允许用户在这个虚拟操作环境中进行任何类似物理计算机的操作而不会造成硬件或软件的损害。

▶　服务器托管：在传统的服务器托管

业务中，每个用户要想使用服务器，必须租用或者购买一台服务器，并将其放置在通信运营商的机房中。多数用户往往无法使用服务器的所有功能。虚拟机为用户提供一个安全的、低成本的解决方案，即在一台物理服务器中设置多台虚拟服务器，由多个用户一起出资租用或购买服务器安装独立的操作系统并创建加密的虚拟磁盘。这样，用户就可以随时远程登录服务器，对服务器进行维护、更新。

▶ 软件虚拟化：在编写应用程序时，往往需要针对计算机的 CPU 指令和操作系统的应用程序接口进行编译，程序才能正常执行。虚拟机可以针对不同的 CPU 指令和操作系统的应用程序接口，为代码提供一个统一的执行环境。

9.1.4　认识虚拟磁盘

虚拟磁盘技术的原理就是从内存或磁盘等存储设备中划分一部分，将其虚拟为一个独立的磁盘分区。根据虚拟磁盘的源设备的区别，可以将虚拟磁盘划分为内存盘技术和虚拟分区技术两种。

1. 内存盘技术

早期的计算机中，内存非常昂贵。因此，使用虚拟内存技术，将硬盘中的空间作为内存交换区域，可以节省内存成本。

随着计算机制造技术的进步，内存价格逐渐降低，现在的计算机往往可以安装大容量的内存。使用内存盘技术，可以将无法使用的内存空间划拨出来，虚拟成为硬盘。然后再将系统的内存交换文件放在内存盘中，以提高系统的运行速度，同时减少资源的浪费。

内存盘技术在计算机领域应用非常广泛，多数微软公司的操作系统安装光盘都使用了内存盘技术。

2. 虚拟分区技术

虚拟分区技术与内存盘技术在原理上有很大的区别。内存盘技术的本质是以内存换硬盘；而虚拟分区技术的本质则是以硬盘空间模拟独立的硬盘分区，为用户提供一个独立的、永久的存储空间。

虚拟分区技术的出现，可以为用户保护隐私数据提供一种便捷的方法。用户可将一些需要保密的文件存放在虚拟分区中，并进行加密，防止未授权的用户读取。同时也可以在虚拟分区中模拟各种磁盘的操作，学习磁盘设备的使用方法。

9.2　虚拟光驱软件

虚拟光驱是一种模拟光驱的虚拟设备软件。DAEMON Tools Lite 是一款功能强大且免费的虚拟光驱软件，它支持 IOS、CCD、CUE 和 MDS 等各种映像文件，且支持物理光驱的特性，如光盘的自动运行等。

9.2.1　创建虚拟光驱

DAEMON Tools Lite 可支持多个虚拟光驱，一般情况下只需要设置一个即可，其具体操作如下。

【例9-1】创建虚拟光驱。 视频

step 1 启动 DAEMON Tools Lite 虚拟光驱。选择【映像】|【添加设备】选项。

step 2 打开【添加设备】对话框,保持默认选项,单击【添加设备】按钮。

step 3 弹出提示框,稍等片刻添加虚拟光驱。

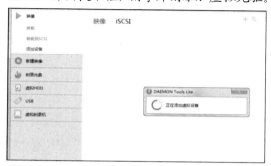

step 4 完成后打开【计算机】窗口,可以看到添加的虚拟光驱图标。

9.2.2 装载映像文件

创建所需要的虚拟光驱后,即可开始装载映像文件,也就是将映像文件导入虚拟光驱中,然后再通过虚拟光驱对该映像文件中的文件或文件夹进行浏览和运行,达到无须

光驱直接浏览映像文件的目的。装载映像文件的具体操作如下。

【例 9-2】在 DAEMON Tools Lite 软件中装载映像文件。 ▶ 视频

step 1 启动 DAEMON Tools Lite 虚拟光驱软件,单击添加的虚拟光驱图标。

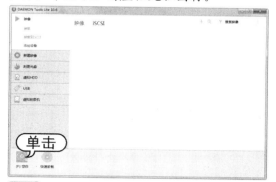

step 2 打开【打开】对话框,选中需要导入的映像文件后,单击【打开】按钮。

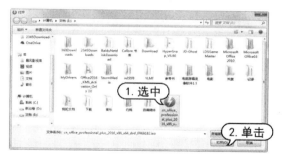

step 3 返回软件界面,如果装载的是自动播放的映像文件,将会显示【自动播放】对话框。

step 4 打开【计算机】窗口,打开虚拟光驱,可以显示映像文件内容。

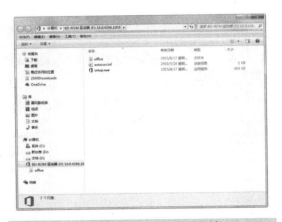

9.2.3 卸载和移除映像文件

如果要在已经装载映像文件的虚拟光驱中装载其他的映像文件，则需要将原来的映像文件从虚拟光驱中卸载。其方法为：在 DAEMON Tools Lite 操作窗口中，右击载入映像文件的虚拟光驱，在弹出的快捷菜单中选择【卸载】命令即可，虚拟光驱将显示为空盘。

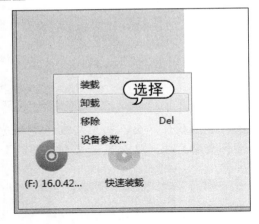

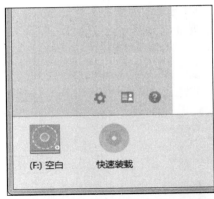

【移除】命令是指将载入的映像文件和虚拟光驱设备一并移除出去，在窗口中不再显示虚拟光驱。

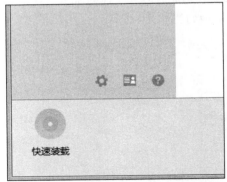

9.3 虚拟机软件

随着个人计算机性能的提高，越来越多的用户开始将虚拟机软件安装到个人计算机中，以有效利用计算机的资源。通过虚拟机软件模拟具有完整硬件系统功能的、运行在一个完全隔离环境中的完整计算机系统。

9.3.1 虚拟机的名词概念

在使用虚拟机时，经常会碰到一些专有名词，其含义如下。

➤ 主机：在使用虚拟机时，主机被称为

"宿主机"，是指运行虚拟机软件的计算机，即安装虚拟机软件的计算机。

➤ 虚拟机：指使用 Virtual PC 等虚拟机软件虚拟出的一台计算机。这台计算机同样包括"硬盘""内存"和"光驱"等各种虚拟硬件设备。

➤ 虚拟机系统：也称"客户机系统"，是指虚拟机中安装的操作系统。

➤ 虚拟机硬盘：由虚拟机软件在主机上创建的一个以文件形式存在的存储空间。虚拟机将它当作真正的硬盘来使用，其容量大小不受主机硬盘的限制，只是一个虚拟的数值。但存放在虚拟机软件中的文件大小不能超过主机硬盘的大小。

➤ 虚拟机内存：指虚拟机软件运行时所需的内存，是由主机提供的一段物理内存。其容量大小受主机内存的限制，不能超过主机的内存值。

➤ 虚拟机配置：指对虚拟机的硬盘容量大小、内存大小进行设置的过程。

➤ 虚拟机的暂停与关闭：使用暂停命令，可以暂停虚拟机中运行的任何程序或软件。而在关闭虚拟机时，将提示是否进行关闭或保存现有状态。

目前，常用的虚拟机软件包括 Virtual PC、VMware 和 Oracle VM VirtualBox 等几种，不同的虚拟机软件支持安装的操作系统也有所不同。

➤ Virtual PC：支持多款 Windows 操作系统，包括 Windows 2000、Windows 7 等。

➤ VMware：相比 Virtual PC，VMware 支持的系统更多，包括 Linux 系统。

➤ Oracle VM VirtualBox：与 VMware 相比，Oracle VM VirtualBox 软件支持市面上大部分操作系统。

9.3.2　安装 VMware Workstation

VMware Workstation 是一款主流的虚拟 PC 软件，可以在一台计算机上同时运行两个或者多个 Windows、DOS 和 Linux 系统。

下面以 VMware Workstation 软件为例，介绍在计算机中安装虚拟机的方法。

【例 9-3】安装 VMware Workstation 虚拟机。
🔘 视频

step ① 双击下载好的 VMware Workstation 安装文件，打开安装界面，单击 Next 按钮。

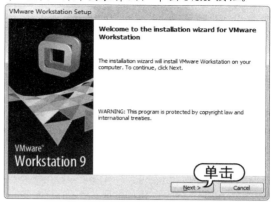

step ② 在打开的界面中单击 Typical 按钮，选择标准安装，然后单击 Next 按钮。

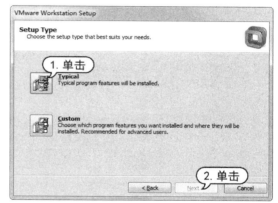

step ③ 在打开的界面中可以单击 Change 按钮，选择安装路径，或者保持默认设置，单击 Next 按钮。

step ④ 在打开的界面中提示是否需要检测更新，保持默认设置，单击 Next 按钮。

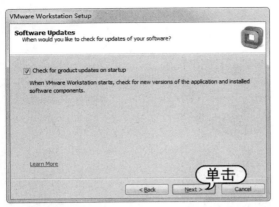

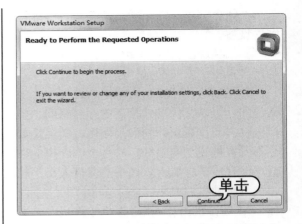

step 5 在后面的界面中，可以一直保持默认设置，单击 Next 按钮。

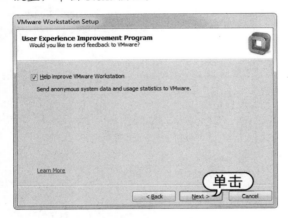

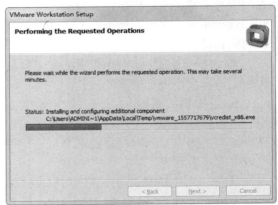

step 7 安装结束前，需要输入注册码(需要在线购买)，然后单击 Enter 按钮。

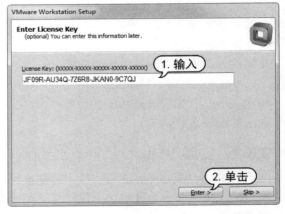

step 6 设置结束后，单击 Continue 按钮，开始进行安装，显示安装进度条。

step 8 安装结束时，单击界面中的 Finish 按钮，软件安装完毕。

9.3.3 汉化 VMware Workstation

为了方便使用,用户可以参考下面介绍的方法将 VMware Workstation 软件进行汉化。

首先双击 VMware Workstation 的汉化安装包,打开安装对话框,单击【下一步】按钮。

保持默认安装设置,单击【安装】按钮,即可安装汉化包,安装完毕后,单击【完成】按钮。

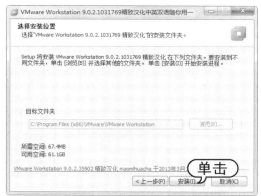

此时,开始运行软件,选中同意许可协议后,单击【确定】按钮。

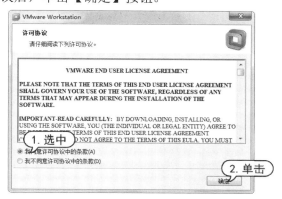

显示 VMware Workstation 汉化后的主界面。

9.3.4 创建虚拟机

汉化完毕 VMware Workstation 后,就可以创建虚拟机了。

【例 9-4】使用 VMware Workstation 创建虚拟机。
🎬视频

step ① 打开 VMware Workstation 软件,在主界面中单击【创建新的虚拟机】按钮。

step 2 打开【新建虚拟机向导】对话框。选中【标准】单选按钮,单击【继续】按钮。

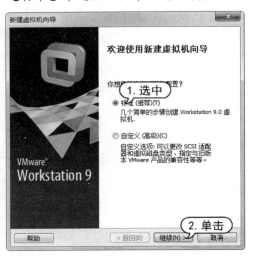

step 3 在打开的对话框中选中【安装盘镜像文件】单选按钮,单击【浏览】按钮。

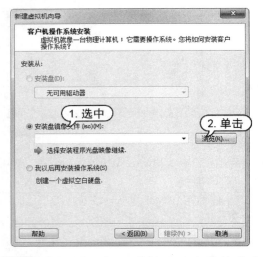

step 4 打开对话框,选择系统安装镜像文件,单击【打开】按钮。

step 5 返回向导对话框,单击【继续】按钮,在打开的对话框中选择客户机操作系统和版本,然后单击【继续】按钮。

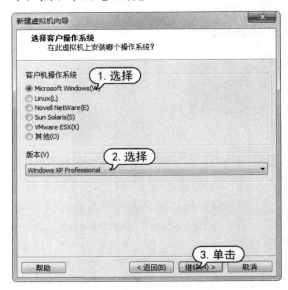

step 6 在打开的对话框中保持默认设置,单击【继续】按钮。

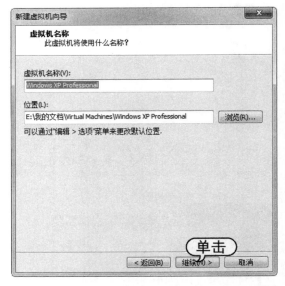

step 7 在打开的对话框中设置虚拟硬盘的大小,设置完成后,单击【继续】按钮。

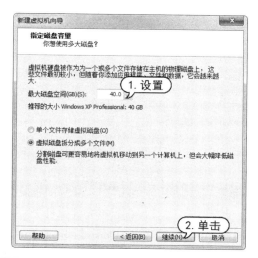

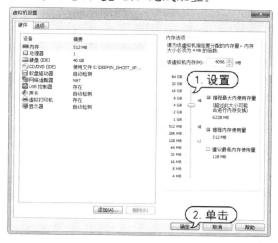

存大小，也可以单击其他选项设置其他设备，然后单击【确定】按钮完成配置。

step 8 在打开的对话框中显示设置信息，单击【完成】按钮。

9.3.5 虚拟机的分区

虚拟机的硬盘实质上就是一个特殊的文件，要使该文件能够模拟真实的硬盘，仍然需要对其进行分区和格式化操作。

首先进入 VMware Workstation 创建好的虚拟机，单击【打开此虚拟机电源】按钮。

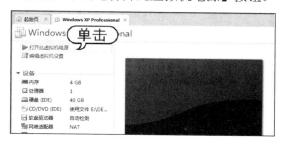

step 9 此时创建新的虚拟机，单击设备选项，可以继续设置虚拟设备，比如单击【内存】。

自动进入 Windows XP 安装盘界面，选择第 6 项图形分区工具，按 Enter 键。

step 10 打开【虚拟机设置】对话框，设置内

在分区工具中,显示默认磁盘,选择【作业】|【建立】命令。

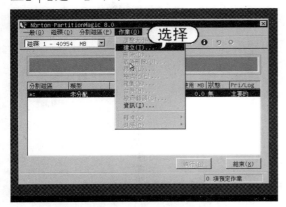

在弹出的对话框中设置 20GB 大小的 NTFS 的主分区,然后单击【确定】按钮。

在分区工具中,选择未分配的磁盘分区,选择【作业】|【建立】命令。

在弹出的对话框中设置 20951.9MB 大小的 NTFS 的逻辑分区,然后单击【确定】按钮。

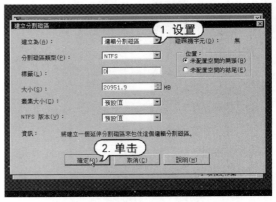

返回分区工具界面,单击【执行】按钮,然后在弹出的对话框中单击【是】按钮。

执行完毕后,单击【确定】按钮。最后单击【结束】按钮完成分区操作。

9.3.6 为虚拟机安装系统

完成对虚拟机硬盘的分区和格式化后,就可以为虚拟机安装操作系统了。延续上面分区后的操作，返回 Windows XP 安装盘界面，选择第 2 项运行 WINPE 微型系统，按 Enter 键进入该安装系统界面。

双击【安装光盘 GHO 镜像到 C 盘】图标，运行 GHOST 程序，单击【确定】按钮，复制系统到虚拟硬盘的 C 盘上。

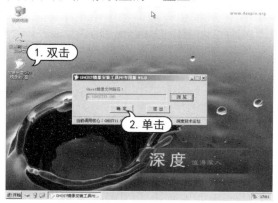

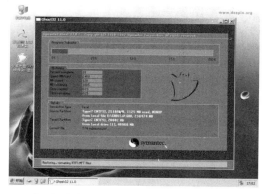

自动重启后进入安装 Windows XP 界面，如下图所示。

安装完毕后，即可进入虚拟 Windows XP 系统，里面的运行方式和实际系统一样。

单击虚拟系统桌面或按 Ctrl+G 组合键，即可进入虚拟系统，按 Ctrl+Alt 组合键即可返回正常系统。

9.3.7　使用 Virtual PC 虚拟机

Windows Virtual PC 是一款 Microsoft 虚拟化技术软件，支持多款 Windows 操作系

统。安装完毕该软件后，即可创建虚拟机。

在 Virtual PC 软件的主界面(即 Virtual PC 控制台)中，选择【文件】|【新建虚拟机向导】命令。

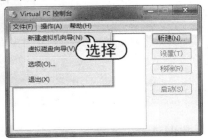

打开【新建虚拟机向导】对话框，然后单击【下一步】按钮。

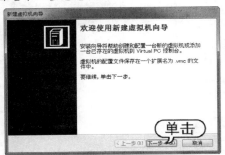

打开【选项】对话框，在该对话框中选中【新建一台虚拟机】单选按钮，然后单击【下一步】按钮。

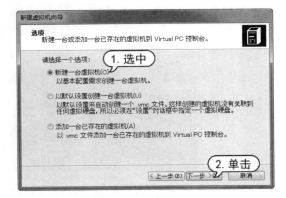

打开【虚拟机的名称和位置】对话框。仔细阅读该对话框中的说明文字，然后在【名称和位置】对话框中进行设置。此处仅设置虚拟机的名称，设置完成后，单击【下一步】按钮。

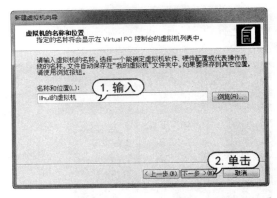

打开【操作系统】对话框。在【操作系统】下拉列表框中选择要安装的操作系统。此处选择【其他】选项，然后单击【下一步】按钮。

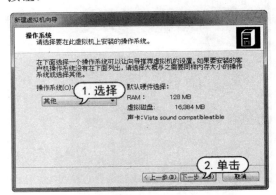

打开【内存】对话框，选中【更改分配内存大小】单选按钮，并设置虚拟机内存的大小，单击【下一步】按钮。

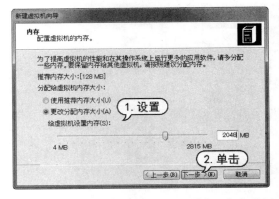

打开【虚拟硬盘选项】对话框。选中【新建虚拟硬盘】单选按钮，单击【下一步】按钮。

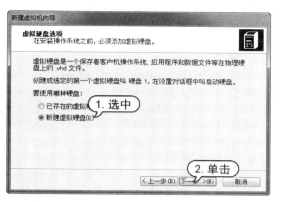

打开【虚拟硬盘位置】对话框，在该对话框中设置虚拟硬盘的大小，设置完成后，单击【下一步】按钮。

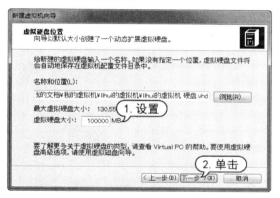

打开【完成新建虚拟机向导】对话框，

单击【完成】按钮。

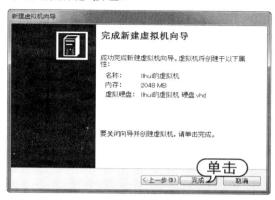

返回 Virtual PC 的主界面，可以看到刚刚创建的虚拟机。安装虚拟机后，即可参考前面的步骤进行分区和安装系统。

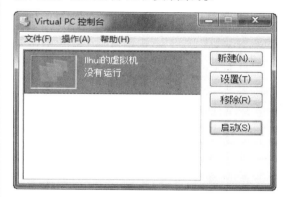

9.4 虚拟磁盘软件

虚拟磁盘是在本地计算机里面虚拟出一个远程计算机里面的磁盘，就像是在本机上的硬盘一样。另外，虚拟磁盘还包含将内存中一部分空间虚拟成一个磁盘，这样操作起来更快捷。

9.4.1 VSuite Ramdisk

VSuite Ramdisk 是一款非常不错的虚拟内存硬盘软件，提供对硬盘性能瓶颈问题的有效解决方案。它采用独特的软件算法，高效率地将内存虚拟成物理硬盘，使得对硬盘文件的数据读写转化为对内存的数据访问，极大地提高了数据访问速度，从而突破硬盘瓶颈，飞速提升计算机性能。另一方面，它大大减少了对物理硬盘的访问次数，起到延长硬盘寿命的作用。这对于频繁通过网络交换大容量文件的用户尤其有帮助。

VSuite Ramdisk 不仅支持系统中已经识别的内存，还支持 32 位 Windows 操作系统无法识别的超过 3.25GB 的内存，允许用户通过将这些内存虚拟为硬盘，提高系统资源的使用率。

在 VSuite Ramdisk 软件中，可以在其界面中定义各种虚拟硬盘的属性。VSuite Ramdisk 程序的主界面分为标题栏、导航栏、虚拟硬盘列表和属性设置栏 4 部分。

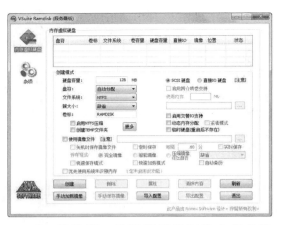

▶ 导航栏：导航栏用于切换内存虚拟硬盘情况和软件基本设置等内容。

▶ 虚拟硬盘列表：显示当前系统中存在的虚拟硬盘列表。

▶ 属性设置栏：设置选择的虚拟硬盘，以及建立和删除虚拟硬盘。

使用 VSuite Ramdisk 可以方便地创建、删除虚拟硬盘，还可以设置虚拟硬盘的属性。

【例9-5】使用 VSuite Ramdisk 软件。 视频

step 1 启动 VSuite Ramdisk 软件，在窗口中设置【硬盘容量】【文件系统】【卷标】以及是否启用压缩等选项。单击【创建】按钮，创建一个虚拟硬盘。

step 2 在打开的【计算机】窗口中，可以查看、使用虚拟硬盘。

step 3 选择已创建的虚拟硬盘后，用户可单击【删除】按钮，删除已创建的虚拟硬盘。打开提示框，单击【是】按钮。

step 4 如果需要永久保存虚拟硬盘中的数据，则可以选中【使用镜像文件】复选框。在【镜像路径】后面，单击【浏览】按钮，设置镜像保存的路径，每次关闭计算机时，都将虚拟硬盘中的数据保存下来。

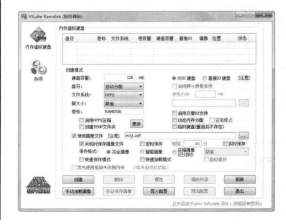

9.4.2　虚拟 U 盘驱动器

　　虚拟 U 盘驱动器是一款使用简单、管理方便的虚拟可移动磁盘软件。它不仅可以将硬盘的空间模拟为 U 盘，还可以对 U 盘进行加密处理，防止未授权的用户查看和使用。相对普通的 U 盘而言，使用虚拟 U 盘驱动器创建的 U 盘具有速度快、工作稳定、安全性好的优点。

1. 创建虚拟 U 盘

　　打开虚拟 U 盘驱动器，其界面主要包括标题栏和内容栏两部分，单击【U 盘管理】按钮。

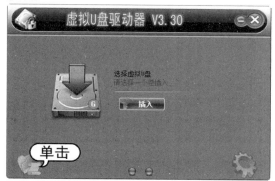

　　打开【虚拟 U 盘管理】对话框，单击【创建 U 盘】按钮。

　　打开【创建新的虚拟 U 盘】对话框。单击【保存路径】右侧的按钮。打开【另存为】对话框，设置保存路径，输入文件名，单击【保存】按钮。

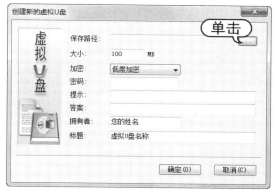

　　返回【创建新的虚拟 U 盘】对话框，设置虚拟 U 盘基本属性，单击【确定】按钮。

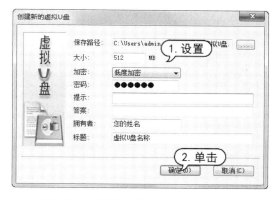

　　返回初始界面，单击【插入】按钮，即可将已经创建的虚拟 U 盘插入。

打开输入密码对话框，在文本框中输入密码，即可将虚拟 U 盘插入计算机中。

单击【拔出】按钮，可以将已插入的虚拟 U 盘从计算机中拔出。

2. 删除虚拟 U 盘

用户可以删除【虚拟 U 盘驱动器】虚拟 U 盘列表中的虚拟 U 盘，也可以将虚拟 U 盘从本地计算机中删除。

单击【U 盘管理】按钮，打开【虚拟 U 盘管理】对话框，选择虚拟 U 盘，再单击【从列表移除】按钮，将 U 盘从列表中删除。

在删除虚拟 U 盘后，还可以再将其导入列表中。单击【向列表添加现有的卷】按钮。

打开【打开】对话框，选择虚拟 U 盘的 edk 文件，单击【打开】按钮即可重新导入。

单击【从 HDD 删除】按钮，可以将虚拟 U 盘从列表和本地计算机的磁盘中删除。

9.5　虚拟打印机

虚拟打印机也是一种虚拟设备程序，其作用是模拟物理打印机的功能。它可以截获操作系统的打印操作或模拟打印效果，或将打印操作中输出的文档保存和转换为特殊的格式，并可用于不同软件的文档格式转换。

9.5.1　认识 SmartPrinter

SmartPrinter 是一款非常优秀的虚拟打印机软件，用于进行文档的转换，以运行稳定、打印速度快和图像质量高而著称。

SmartPrinter 通过虚拟打印技术可以完美地把任意可打印文档转换成 PDF、TIFF、JPEG、BMP、PNG、EMF、GIF、TXT 等格式。

1. 卸载、安装和测试打印机

启动 SmartPrinter 软件，软件会自动将虚拟打印机添加到系统的【打印机和传真】选项栏中。

使用 SmartPrinter 软件，可以方便地安装和卸载虚拟打印机，单击【卸载】按钮，可以方便地将已经安装好的打印机从系统中删除。要在系统中安装虚拟打印机，可以单击【安装】按钮。

2. 打印机属性

在 SmartPrinter 软件主界面中，单击【打印机属性】按钮，即可打开【SmartPrinter 打印首选项】对话框。在该对话框中显示如下 4 个选项卡。

➢ 【页面设置】：主要设置打印页面的页面规格、宽度、高度、方向、分辨率等。

➢ 【图像质量】：主要设置文件格式和其他格式。例如，在 PDF 格式中，可以设置颜色位数、兼容性、字体嵌入、图像压缩、打开口令等。

➢ 【保存选项】：提供了对打印文档的保存方式，如手动保存和自动保存。同时，

还可以设置保存目录、文件名称、保存结束后自动打开文件等内容。

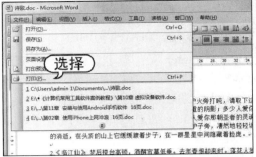

▶ 【转送】：可以指定打印文件、打印机名、打印时偏移，以及 FTP 上传等。

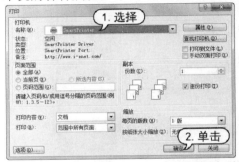

9.5.2 使用虚拟打印机

用户可以像使用物理打印机一样使用 SmartPrinter 虚拟打印机，在各种应用程序中打印文档。

例如，打开一个 Word 文档，选择【文件】|【打印】命令。

打开【打印】对话框，在【名称】下拉列表中选择 SmartPrinter 打印机选项，设置打印机的各种属性，单击【确定】按钮。

打开【另存为】对话框。选择保存路径和保存类型，输入文件名，单击【保存】按钮，用户可以打开所打印的文档进行查看。

9.6 案例演练

本章的案例演练是使用 Virtual PC 设置 BIOS、分区、安装系统等操作，用户通过练习从而巩固本章所学知识。

【例 9-6】使用 Virtual PC 设置 BIOS、分区并安装系统。

step 1 启动 Virtual PC 控制台，选择【llhui 的虚拟机】选项，然后单击【启动】按钮。

step 2 当虚拟机在进行自检时，按下 Delete 键，进入虚拟机的 BIOS 设置界面。

step 3 使用左、右方向键选择 Boot 选项。然后使用上、下方向键选择 Boot Device Priority 选项，按下 Enter 键。

step 4 进入 Boot Device Priority 选项的设置界面。在该界面中，系统默认设置 1st Boot Device(第一启动设备)为 Floppy Drive。

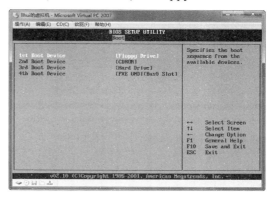

step 5 选择 1st Boot Device 选项，然后按下 Enter 键，在打开的 Options 对话框中选择 CDROM 选项。

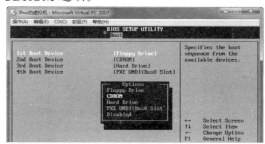

step 6 接下来，按下 Enter 键，将 CDROM 设置为计算机的第一启动设备。

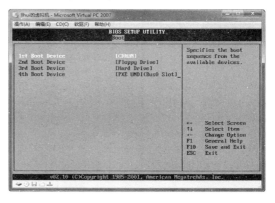

step 7 按 Esc 键返回 Boot 选项，然后使用键盘上的→方向键选择 Exit 选项。打开 Exit 选项卡，此时默认选择 Exit Saving Changes 选项。

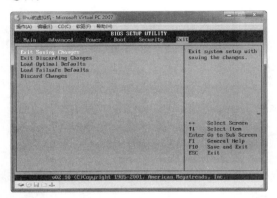

step 8 按下 Enter 键，然后在打开的对话框中选择 OK 选项并按 Enter 键，保存对 BIOS 设置所做修改。

step 9 完成以上操作后，虚拟机将保存所做的 BIOS 设置并重新启动。

step 10 在虚拟机的 BIOS 中设置光驱为第一

启动设备以后，虚拟机此时还不能自动从光驱启动。如果用户需要使虚拟机从光驱启动，需要在虚拟机运行后，在其主界面中选择 CD|【载入物理驱动器 G:】命令。

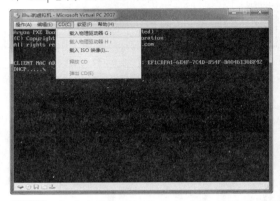

step 11 在虚拟机的主界面中选择【操作】|【复位】命令，重新启动虚拟机。

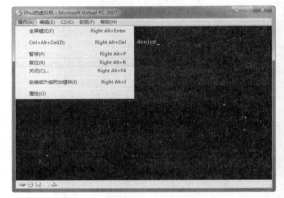

step 12 虚拟机重新启动后会自动从光盘开始启动，并开始加载安装文件(加载文件的快慢会根据主机速度的快慢来决定，用户应耐心等待)。

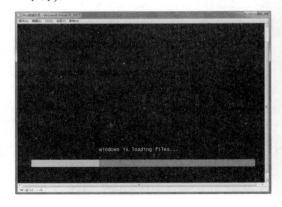

step 13 安装文件加载完成后，在打开的安装界面中单击【下一步】按钮。

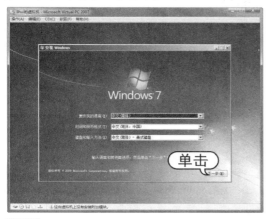

step 14 打开下图所示界面，然后单击【现在安装】按钮。

step 15 此时，安装程序将开始启动，如下图所示。

step 16 稍候，打开【请阅读许可条款】对话框。选中【我接受许可条款】复选框，单击

【下一步】按钮。

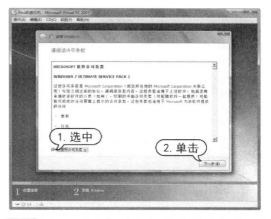

step 17 打开【您想进行何种类型的安装？】界面，选择【自定义(高级)】选项。

step 18 打开【您想将 Windows 安装在何处？】界面，选择【磁盘 0 未分配空间】选项，然后单击【驱动器选项(高级)】链接。

step 19 在打开的界面中，单击【新建】链接。

step 20 在打开的界面中设置要分配的硬盘空间的大小，单击【应用】按钮。

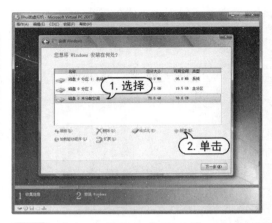

step 23 在打开的界面中输入第二个分区的大小，然后单击【应用】按钮。

step 21 在打开的【安装 Windows】对话框中单击【确定】按钮。

step 22 此时，即可完成第一个分区的创建。选择【磁盘 0 未分配空间】选项，然后单击【新建】链接。

step 24 选择【磁盘 0 未分配空间】选项，然后单击【新建】选项。

step 25 在打开的界面中输入第三个分区的大小，然后单击【应用】按钮，完成第三个分区的创建。

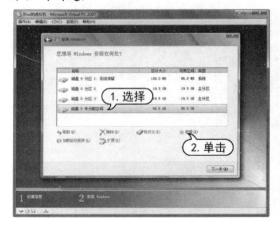

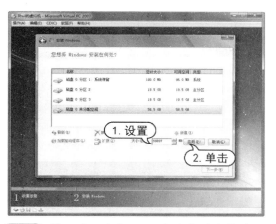

step 26 接下来,为分好区的硬盘进行格式化操作。选择【磁盘 0 分区 2】选项,单击【格式化】链接。

step 27 在打开的提示中,单击【确定】按钮。

step 28 使用同样的方法,对其他几个分区进行格式化操作。

step 29 对硬盘进行分区和格式化后,选择要安装操作系统的硬盘分区。本例选择【磁盘 0 分区 2】选项。选择分区后单击【下一步】按钮。

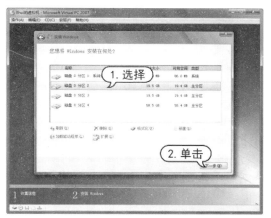

step 30 系统开始复制和展开安装文件,这个过程需要一段时间,具体时间由用户所使用计算机的配置来决定,用户应耐心等待。

step 31 在安装的过程中，虚拟机会自动重启。

step 32 稍候，继续进行 Windows 7 操作系统的安装。

step 33 接下来，打开下图所示界面，虚拟机重新启动。

step 34 安装程序开始为首次使用计算机做准备，然后进入 Windows 7 操作系统的个人设置界面。用户根据界面提示对系统各项参数逐步进行设置即可。

第10章

优化系统软件

　　提高操作系统的运行速度和效率，是充分发挥计算机硬件性能的关键。众多的系统优化和维护工具软件可以保证计算机在实际应用中充分发挥性能。本章将介绍系统相关的优化软件。

 本章对应视频

10.1 系统垃圾清理软件——Windows 优化大师

Windows 优化大师是一款功能强大的系统辅助软件,它不仅提供了全面有效且简便的系统检测、系统优化和系统清理功能,而且还提供了系统维护功能以及多个附加的工具软件。

10.1.1 认识垃圾文件

垃圾文件指系统工作时所过滤加载出的剩余数据文件,虽然每个垃圾文件所占系统资源并不多,但是如果不进行清理,垃圾文件会越来越多,过多的垃圾文件会影响系统的运行速度。

1. 软件运行日志

操作系统和各种软件在运行时,往往会记录各种运算信息。随着操作系统或软件安装后使用的次数越来越多,这些运行日志占用的磁盘空间也会越来越大。

操作系统和大多数软件,都会扫描这些文件。因此,这些文件的存在,会在一定程度上降低系统与软件的运行效率。对于普通用户而言,这些日志并没有什么作用。因此,可以将其删除,以提高磁盘使用的效率和系统与软件运行的速度。

常见的日志文件扩展名包括 log、err、txt 等。

2. 软件安装信息

为提高软件下载的效率,大多数软件的安装程序都是压缩格式。因此,在安装这些软件时往往需要解压。在解压时,会生成软件的各种信息。这些信息只在软件安装和卸载时才会起作用。

一些软件在更新时,往往会将旧的文件备份起来,以防止更新错误后软件无法使用。在软件可正常运行时,这些文件也可以删除。

软件安装信息文件的种类比较多,其扩展名往往是根据软件开发者的喜好而定的,常见的有 old、bak、back 等。

3. 临时文件

Windows 操作系统在运行时,会生成各种临时文件。多数运行于 Windows 操作系统的软件也会通过临时文件存储各种信息。早期的软件并没有临时文件清理机制,只会制造大量的临时文件。而少量较新的软件则已经开始建立临时文件的清理机制。

大量的临时文件不但会影响系统运行速度,也容易造成系统文件的冲突,导致系统稳定性下降。临时文件的扩展名种类也较多,常见的主要包括 tmp、temp、~mp、_mp 等。大多数扩展名以波浪线为开头的文件都是临时文件。

4. 历史记录

操作系统和大多数软件都会记录用户使用操作系统或软件的历史记录。例如,打开软件、关闭软件、在软件中进行的设置、使用软件打开的文档等。这些历史记录对操作系统和软件没有任何价值。因此,用户可以随时将其删除。

5. 故障转储文件

微软公司在开发 Windows 操作系统时,为了方便用户向其报告软件故障和硬件冲突,使用了名为 Dr.Walson 的软件。从而记录发生故障时内存的运行情况以及出错的硬件二进制代码,以对系统进行改进。

对于大多数用户而言,这一功能并没有太大的实际意义,而且往往会占用用户大量的磁盘空间(对于运行过时间较长的操作系统,这类文件占用的空间往往高达数百 MB)。因此,用户可以将其删除以释放磁盘空间。这类文件的扩展名主要是 dmp。

10.1.2 优化磁盘缓存

Windows 优化大师提供了优化磁盘缓存的功能,允许用户通过设置管理系统运行时磁盘缓存的性能和状态。

【例10-1】在当前计算机中，通过使用"Windows 优化大师"软件优化计算机磁盘缓存。🎬视频

step 1 双击系统桌面上的【Windows 优化大师】的启动图标💠，启动 Windows 优化大师。

step 2 进入"Windows 优化大师"主界面后，单击界面左侧的【系统优化】按钮，展开【系统优化】，然后单击【磁盘缓存优化】选项。

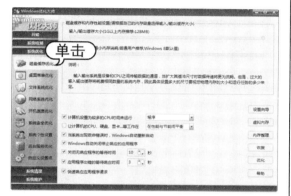

step 3 拖动【输入/输出缓存大小】和【内存性能配置(平衡)】两项下面的滑块，可以调整磁盘缓存和内存性能配置。

step 4 选中【计算机设置为较多的 CPU 时间来运行】复选框，然后在其后面的下拉列表框中选择【程序】选项。

step 5 选中【Windows 自动关闭停止响应的应用程序】复选框，当 Windows 检测到某个应用程序停止响应时，就会自动关闭程序。选中【关闭无响应程序的等待时间】和【应用程序出错的等待响应时间】复选框后，用户可以设置应用程序出错时系统将其关闭的等待时间。

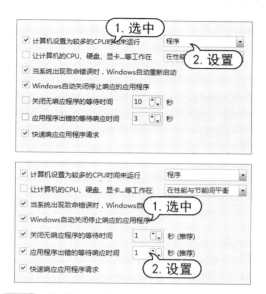

step 6 单击【内存整理】按钮，打开【Wopti 内存整理】窗口。在该窗口中单击【快速释放】按钮，然后单击【设置】按钮。

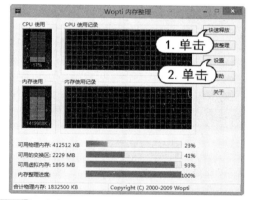

step 7 在打开的选项区域中设置自动整理内存的策略，然后单击【确定】按钮。

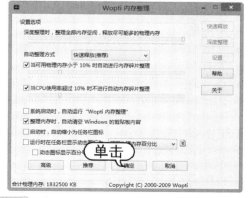

step 8 关闭【Wopti 内存整理】窗口，返回

【磁盘缓存优化】界面，然后在该界面中单击【优化】按钮。

10.1.3 优化文件系统

Windows 优化大师的【文件系统优化】功能包括优化二级数据高级缓存、文件和多媒体应用程序，以及 NTFS 性能等方面的设置。

【例 10-2】在当前计算机中，通过使用 "Windows 优化大师" 软件优化文件系统。 视频

step 1 单击 Windows 优化大师【系统优化】下的【文件系统优化】按钮。

step 2 拖动【二级数据高速缓存】滑块，可以使 Windows 系统更好地配合 CPU 利用该缓存机制获得更高的数据预读取命中率。

step 3 选中【需要时允许 Windows 自动优化启动分区】复选框，将允许 Windows 系统自动优化计算机的系统分区；选中【优化 Windows 声音和音频设置】复选框，可优化操作系统的声音和音频。单击【优化】按钮。关闭 Windows 优化大师，重新启动计算机即可完成优化。

10.1.4 优化网络系统

Windows 优化大师的【网络系统优化】功能包括优化传输单元、最大数据段长度、COM 端口缓冲、IE 同时连接最大线程数，以及域名解析等方面的设置。

【例 10-3】在当前计算机中，通过使用 "Windows 优化大师" 软件优化网络系统。 视频

step 1 单击 Windows 优化大师【系统优化】下的【网络系统优化】按钮。

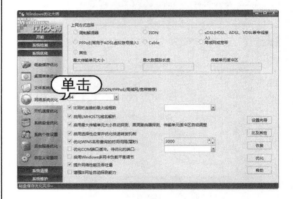

step 2 在【上网方式选择】中，选择计算机的上网方式。选定后系统会自动给出【最大传输单元大小】【最大数据段长度】和【传输单元缓冲区】这 3 项默认值，用户可以根据自己的实际情况进行设置。

step 3 打开【默认分组报文寿命】下拉列表，选择输出报文报头的默认生存期。如果网速比较快，在此选择 128。

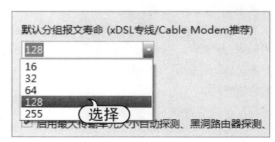

step 4 单击【IE 同时连接的最大线程数】下拉按钮，在下拉列表框中设置允许 IE 同时打开网页的个数。

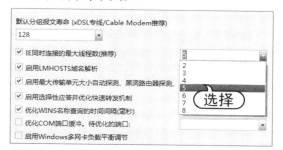

step 5 选择【启用最大传输单元大小自动探测、黑洞路由器探测、传输单元缓冲区自动调整】复选框，软件将自动启动最大传输单元大小自动探测、黑洞路由器探测、传输单元缓冲区自动调整等功能，以辅助计算机网络功能。

step 6 单击【IE 及其他】按钮，打开【IE 浏览器及其他设置】对话框。然后在该对话框中选择【网卡】选项卡。

step 7 打开【请选择要设置的网卡】下拉列表，选择要设置的网卡，单击【确定】按钮。

step 8 在系统打开的对话框中单击【确定】按钮，然后单击【确定】按钮。

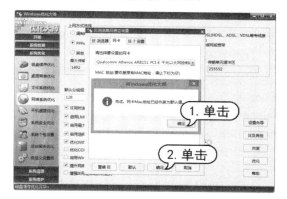

step 9 完成以上操作后，单击【优化】按钮，重新启动计算机，完成优化操作。

10.1.5　优化开机速度

Windows 优化大师的【开机速度优化】功能主要是优化计算机的启动速度和管理计算机启动时自动运行的程序。

【例 10-4】通过使用"Windows 优化大师"软件优化计算机系统开机速度。 ⊙视频

step 1 单击 Windows 优化大师【系统优化】下的【开机速度优化】按钮。

step 2 拖动【启动信息停留时间】滑块可以设置在安装了多操作系统的计算机启动时，系统选择菜单的等待时间。

step 3 在【等待启动磁盘错误检查时间】下拉列表框中，用户可设定一个时间。例如，设置为 10 秒，如果计算机被非正常关闭，将在下一次启动时 Windows 系统将设置 10 秒(默认值，用户可自行设置)的等待时间让用户决定是否要自动运行磁盘错误检查工具。

step 4 用户还可以在【请勾选开机时不自动运行的项目】列表框中选择开机时没有必要启动的选项，完成操作后，单击【优化】按钮。

10.1.6 优化后台服务

Windows 优化大师的【后台服务优化】功能可以使用户方便地查看当前所有的服务并启用或停止某一服务。

【例 10-5】在当前计算机中，通过使用"Windows 优化大师"软件优化计算机后台服务。 ●视频

step 1 单击【系统优化】下的【后台服务优化】按钮。

step 2 在显示的选项区域中单击【设置向导】按钮，打开【服务设置向导】对话框，单击【下一步】按钮。

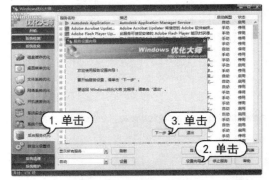

step 3 在打开的对话框中保持默认设置，单击【下一步】按钮，开始进行服务优化。

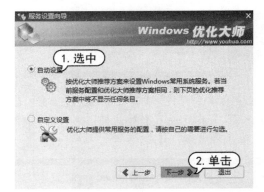

step 4 完成以上操作后，在【服务设置向导】对话框中单击【完成】按钮。

知识点滴

通过 Windows 优化大师不仅能够有效地帮助用户清理系统垃圾、修复系统故障和安全漏洞，而且还可以检测计算机的硬件信息，维护系统正常运行。

10.2　系统优化软件——软媒魔方

软媒魔方是首批通过微软官方 Windows 7 徽标认证的系统软件。魔方优化大师绿色版的功能全面覆盖 Windows 系统优化、设置、清理、安全、维护、修复、备份还原、文件处理、磁盘整理、系统软硬件信息查询、进程管理、服务管理等。

10.2.1　软媒魔方主要功能

软媒魔方 6 支持 64 位和 32 位的所有主流 Windows 系统，从优化大师发展为一款系统增强套装，自动化、智能化解决各种计算机问题。软媒魔方内置 20 余款强大的组件。

软媒魔方的主要功能有以下几方面：

➢ 清理大师：可以清除垃圾文件、临时文件、Internet 缓存文件、历史记录等，加快系统速度。

➢ 美化大师：其界面干净简洁，拥有一键定制等功能。它可以帮助用户改变文件图标、重设启动和登录界面、桌面主题等。

➢ 优化大师：提供了一键优化功能，可

以使用户把最常用的优化安全稳妥地一步到位。还可以开关机加速、上网加速、C 盘系统文件夹搬家、定制系统快捷命令、自动登录 Windows 系统、多系统启动设置、轻松设定阻止任意程序执行。

➢ 电脑医生：其技术源自微软的系统自备工具。可以一键扫描修复桌面上的流氓顽固图标，浏览器修复、快捷方式修复。内置了系统图标缓存重建和缩略图更新功能，可以轻松禁止和恢复系统功能。

➢ 设置大师：该功能提供系统设置、网络设置、账户设置等选项，支持自定义和鼠标拖动更改位置，快捷菜单一键生成、一键移除。

启动软媒魔方后，将自动开启【设置向导】对话框，用户可以在【关联设置】【安全加固】【网络优化】【易用性改善】几个选项卡里设置相关选项。

10.2.2　使用优化大师

使用软媒魔方的优化大师，可以对系统各项功能进行优化，关闭一些不常用的服务，使系统发挥最佳性能。

【例10-6】使用优化大师对 Windows 系统进行优化。 ▶视频

step ① 启动软媒魔方软件，单击主界面中的【优化大师】按钮。

step ② 打开【软媒优化大师】窗口，在【一键加速】选项卡中有 3 个大类，分别是【可以禁止的启动项目】【系统加速】【网络加速】。每个大类下面有多个可优化项目并附带有优化说明，用户可根据说明文字和自己的实际需求来选择要优化的项目。选择完成后，单击【一键优化】按钮，开始对所选项目进行优化。

step ③ 优化成功后，窗口中显示共优化了几个项目。

step ④ 选择【启动项】选项卡，在【开机启动项】选项中，可看到所有开机自动启动的应用程序。选择不需要开机启动的项目，单击其后方的蓝色按钮,可将其禁止开机启动。

step ⑤　在【计划任务】选项中，可以禁止或启动计算机的默认计划任务选项。

step ⑥　在【服务项】选项中，可看到所有当前正在运行的和已经停止的系统服务，可以单击后面的按钮选择将其禁止或启动。

step ⑦　选择【优化历史】选项卡，可以看到刚才进行的优化操作的历史，用户可以随时更改刚刚做出的优化选择。

10.2.3　使用设置大师

使用软媒魔方的设置大师，可以对系统、网络、账户等默认选项进行重新设置。

【例 10-7】使用设置大师对 Windows 系统进行设置。　　视频

step ①　启动软媒魔方软件，单击主界面中的【设置大师】按钮。

step ②　打开【软媒设置大师】窗口，选择【系统设置】选项卡，包含资源管理器、多系统设置、默认程序设置等选项，在各个分类选项中选中复选框代表启动该设置。

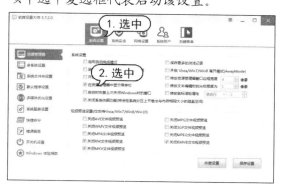

step ③　选择【系统安全】选项卡，包含安全综合设置、系统更新、系统还原等选项，在各个分类选项中选中复选框代表启动该设置。

step ④ 选择【网络设置】选项卡，包含网络设置、网络加速设置、网络共享设置选项，在各个分类选项中选中复选框代表启动该设置。

step ⑤ 选择【系统账户】选项卡，包含用户登录管理、UAC账户控制选项，在各个分类选项中选中复选框代表启动该设置，文本框内可以输入账户信息。

step ⑥ 选择【右键菜单】选项卡，包含右键菜单快捷组、新建菜单，文件对象关联菜单等选项，在各个分类选项中选中复选框代表启动该设置，还可以选择添加或删除右键菜单上的命令选项。

10.2.4 使用清理大师

使用软媒魔方的清理大师，可以清理系统无用垃圾，节约硬盘空间。

【例10-8】使用清理大师清理系统。 🔴 视频

step ① 启动软媒魔方软件，单击主界面中的【清理大师】按钮。

step ② 打开【软媒清理大师】窗口，选择【一键清理】选项卡，选中系统垃圾选项前面的复选框，然后单击【开始扫描】按钮。

step ③ 扫描完毕后，单击【清理】按钮。

step ④ 清理完毕后，窗口中显示释放硬盘空间的容量。

step 5 选择【深度清理】选项卡，可以选择相应的磁盘进行扫描清理。

step 6 选择【注册表】选项卡，可以进行备份、还原、搜索注册表的操作。

step 7 选择【软件卸载】选项卡，自动弹出【软媒软件管家】窗口，可以进行软件的升级、卸载、下载等操作。

10.3　常用的系统优化软件

　　系统优化软件具有方便、快捷的优点，可以帮助用户优化系统。本节介绍几款系统优化软件，使用户了解这些软件的使用方法。

10.3.1　使用 CCleaner 软件

　　CCleaner 是一款超级强大的系统优化工具，具有系统优化和隐私保护功能，可以清除 Windows 系统不再使用的垃圾文件，以腾出更多的硬盘空间。它的另一大功能是清除使用者的上网记录。CCleaner 软件体积小，运行速度快，可以对临时文件夹、历史记录、回收站等进行垃圾清理，并可对注册表进行垃圾项扫描、清理。

【例10-9】使用 CCleaner 软件清理 Windows 系统中的垃圾文件。●视频

step 1 双击 CCleaner 程序图标。

step 2 打开软件主界面，单击【清理】按钮。

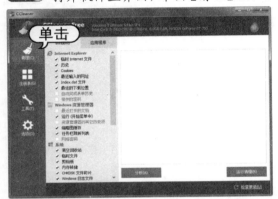

step 3 打开【清理】界面，选择【应用程序】选项卡后，用户可以选择所需清理的应用程序文件项目。选择完成后，单击【分析】按钮，CCleaner 软件将自动检测 Windows 系统的临时文件、历史文件、回收站文件、最近输入的网址、Cookies、下载历史以及 Internet 缓存等文件。

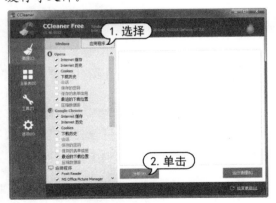

step 4 CCleaner 软件完成检测后，单击软件界面右下角的【运行清理】按钮。

step 5 完成以上操作后，在打开的对话框中单击【继续】按钮。

step 6 系统中扫描到的文件将被删除清理，清理完毕后的显示界面如下图所示。

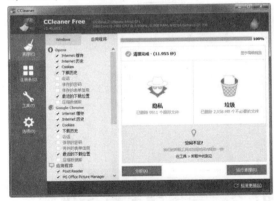

10.3.2 使用 Process Lasso 软件

Process Lasso 是一款用于调试系统中运行程序进程级别的系统优化工具，其主要功能是动态调整各进程的优先级并通过配置合理的优先级以实现为系统减负的目的。该软件可以有效避免计算机出现蓝屏、假死、进程停止响应、进程占用 CPU 时间过多等

"症状"。

利用 Process Lasso 软件，用户可以检测当前系统的运行信息，包括进程运行状态、CPU 温度、显卡温度、硬盘温度、主板温度、内存使用情况以及风扇转速等。

【例 10-10】使用 Process Lasso 软件检测并设置软件优先级。 视频

step 1 打开 Process Lasso 软件主界面后，将显示系统中正在运行的进程信息。

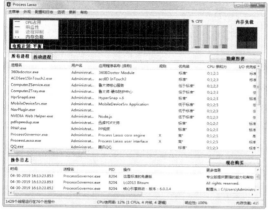

step 2 用户双击具体的进程名称，在打开的菜单中即可对该进程进行管理，这里双击第一个进程，在打开菜单中选择【设置当前优先级】|【高】命令。

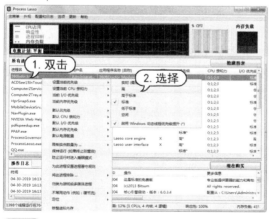

step 3 此时该进程的当前优先级为【高】。

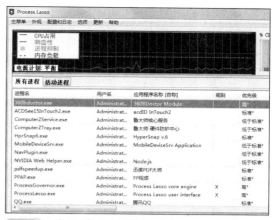

step 4 若要停止该进程运行，双击进程名称，在打开菜单中选择【正常终止】或者【强制终止】命令。

10.3.3 使用 Wise Disk Cleaner

Wise Disk Cleaner 是一个界面友好、功能强大、操作简单快捷的垃圾及痕迹清理工具。通过系统瘦身释放大量系统盘空间，并提供磁盘整理工具。它能识别多达 50 种垃圾文件，可以轻松地把垃圾文件从计算机磁盘上清除。支持自定义文件类型清理，最大限度释放磁盘空间。通过磁盘碎片整理可以有效地

提高硬盘速度，从而提高整机性能。

【例 10-11】使用 Wise Disk Cleaner 软件清理垃圾。

📀视频

step 1 启动 Wise Disk Cleaner 软件，打开软件主界面，选择【常规清理】选项卡，单击【Windows 系统】左边的扩展按钮，展开【Windows 系统】选项并选择可清理的选项。

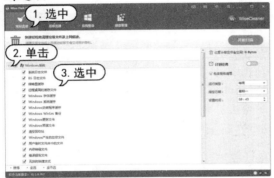

step 2 分别单击【网络缓存】和【其他应用程序】左边的扩展按钮，选择可清理的选项。

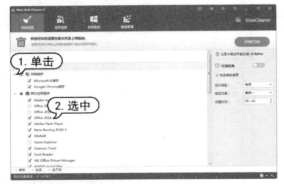

step 3 选择【计算机中的痕迹】选项下的其他需要清理的选项，单击【开始扫描】按钮，进行扫描。

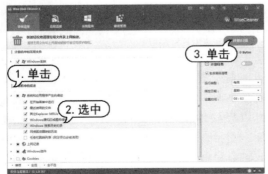

step 4 扫描结束后，单击【开始清理】按钮，即可清理选择的对象。在【开始清理】按钮这一行，用户可以看到已经发现的垃圾文件数量、占用磁盘容量大小等内容。

在窗口右侧的【计划任务】工具栏中，单击 ON 按钮，启动【计划任务】选项。

在启动计划任务后，如果选中【包含高级清理】复选框，可以对系统进行全面的清理。计划任务包括运行类型、指定日期和设置时间 3 个选项。

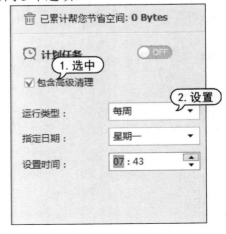

运行类型：单击该选项右边的下拉按钮。在打开的下拉列表中将显示每天、每周、每月和空闲时 4 个选项，用户可根据需要进行选择。

指定日期：单击该选项右边的下拉按钮，在打开的下拉列表中将显示日期选项，用户可根据需要进行选择。

设置时间：单击该选项右边的上、下按钮，用户可根据需要进行时间的设置。

10.4　注册表管理软件——Wise Registry Cleaner

注册表记载了 Windows 运行时软件和硬件的不同状态信息。在软件反复安装或卸载的过程中，注册表内会积聚大量的垃圾信息文件，从而造成系统运行速度缓慢或部分文件遭到破坏，而这些都是导致系统无法正常启动的原因。Wise Registry Cleaner 是一款注册表清理工具，提供了实用的注册表修复及清理功能。

10.4.1　注册表清理

Wise Registry Cleaner 是一款免费安装的注册表清理工具，可以安全快速地扫描、查找有效的信息并清理。该软件具有以下几个特点。

扫描速度快。

易学易用。

支持注册表备份或还原。

修复注册表错误和整理注册表碎片。

Wise Registry Cleaner 可以快速地扫描，查找有效的信息并安全地清理垃圾文件，扫描和清理注册表的步骤如下。

【例 10-12】使用 Wise Registry Cleaner 清理注册表。 视频

step❶ 启动 Wise Registry Cleaner 软件，打开软件主界面，选择【注册表清理】选项卡，单击【自定义设置】按钮。

step❷ 打开【自定义设置】对话框，用户可以选择需要清理的选项，单击【开始扫描】

按钮即可返回【注册表清理】窗口。

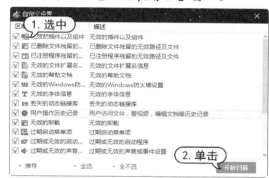

step❸ 开始扫描注册表，扫描完毕后，单击【开始清理】按钮进行清理。

step❹ 清理完毕后，显示清理结果。

10.4.2　系统优化和注册表整理

Wise Registry Cleaner 工具具有系统优化的功能。通过使用该功能可以加快开/关机速度、提高系统运行速度和系统稳定性，以及提高网络访问速度。

1．系统优化

选择【系统优化】选项卡，选中需要优化的项目，单击【一键优化】按钮开始优化系统。

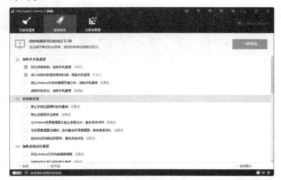

优化后，被优化的选项后面将显示【已优化】字样。

2．注册表整理

选择【注册表整理】选项卡，在打开的注册表整理窗口中，显示整理过程中的注意事项，单击【开始分析】按钮。

注册表分析完毕后，单击【开始整理】按钮，弹出提示框，单击【是】按钮开始整理注册表。

10.5　高级注册表医生

Advanced Registry Doctor Pro(高级注册表医生)提供一键式解决方案，拥有友好的用户界面，能够移除一些致命的注册表信息。同时，它提供了扫描检测注册表错误、个人撤销功能、注册表备份和系统恢复功能；并且，增加了以风险程序排序的功能，提高了该产品的安全性。

Advanced Registry Doctor Pro 的主要功能如下。

➤ 自动修复。
➤ 系统和注册表备份。
➤ 压缩或整理注册表。
➤ 快速和完整的注册表扫描。
➤ 高级和初级模式。
➤ 独特的撤销功能。
➤ 日程调度功能。

▶ 强大的自定义选项。

【例 10-13】使用 Advanced Registry Doctor Pro 工具清理注册表。

step 1 启动 Advanced Registry Doctor Pro 软件，单击【立即扫描】按钮。

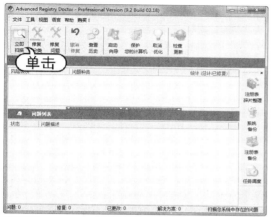

step 2 打开【ARD:立即扫描】对话框，选中【快速扫描】单选按钮。单击【下一步】按钮。

step 3 程序开始扫描系统，扫描完成后，单击【下一步】按钮。

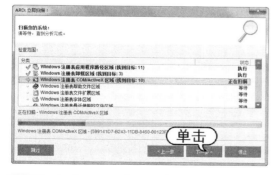

step 4 在【问题列表】列表中，显示扫描出

的注册表问题，单击【完成】按钮。

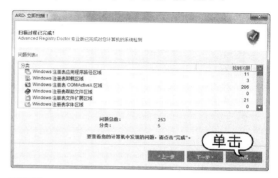

step 5 返回 Advanced Registry Doctor Pro 界面，在【分类列表】中选中需要修复的注册表问题，单击【修复问题】按钮，进行修复。

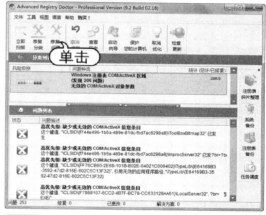

step 6 也可以在【问题列表】中选中需要修复的注册表问题，单击【修复问题】按钮，打开【ARD:修复】对话框，设置【选择解决方案】选项，单击【修复】按钮，进行修复。

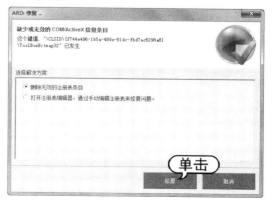

step 7 返回 Advanced Registry Doctor Pro 界面，单击【注册表碎片整理】按钮，打开【欢迎使用注册表整理】对话框。选择需要整理的注册表配置单元后，单击【执行】按钮。

10.6 案例演练

本章的案例演练是使用 360 安全卫士优化系统等几个实例操作，用户通过练习从而巩固本章所学知识。

10.6.1 使用360安全卫士优化系统

【例 10-14】使用 360 安全卫士优化系统。 视频

step 1 启动【360 安全卫士】程序，打开【360 安全卫士】界面，选择【优化加速】选项。

step 2 打开【优化加速】界面，单击【全面加速】按钮。

step 3 软件开始扫描需要优化的程序，扫描完成后显示可优化项，单击【立即优化】

按钮。

step 4 打开【一键优化提醒】对话框，选择需要优化的选项对应的复选框，如需要全部优化，单击【全选】按钮，单击【确认优化】按钮。

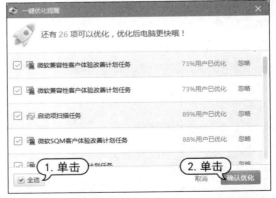

step 5 对所有选项优化完成后，即可提示优化的项目及优化提示效果。单击【运行加速】

旁的【立即加速】按钮。

step 6 打开【360加速球】对话框，可快速实现对可关闭程序、上网管理、计算机清理等管理。

step 7 返回初始界面，单击右下角的【更多】选项。

step 8 打开全部工具对话框，选择【系统工具】选项，将鼠标移至【系统盘瘦身】图标，单击显示的【添加】按钮。

step 9 工具添加完成后，打开【系统盘瘦身】对话框，单击【立即瘦身】按钮，即可进行优化。

step 10 完成后，即可看到释放的磁盘空间。由于部分文件需要重启计算机才能生效，单击【立即重启】按钮重启计算机。

10.6.2 Windows 清理助手

Windows 清理助手能对已知的木马和恶意软件进行彻底的扫描与清理。帮助用户清理 Windows 无法清理或清理不干净的软件、IE 信息和程序。根据脚本文件扫描系统，将符合脚本文件所属特征的文件和注册表信息在用户自主选择的情况下进行删除。

【例 10-15】使用 Windows 清理助手清理木马及恶意软件。

step 1 启动【Windows 清理助手】软件，单击【立即扫描】按钮。

step 2 开始扫描计算机中的可疑文件，并显示扫描出的可疑文件数目。

step 3 扫描完毕后，在【扫描清理】窗格中查看可疑文件，选中需要清理的文件前的复选框，单击【执行清理】按钮。

step 4 打开提示框，单击【是】按钮，备份相应文件或注册表信息。

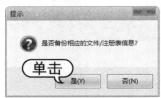

step 5 选择【诊断报告】选项，单击【请点击此处，开始诊断】按钮。

step 6 诊断完毕后，打开提示框。单击【是】按钮，以后提交时不再提示。

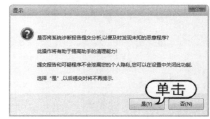

step ⑦ 返回【诊断报告】窗格，查看诊断报告。

知识点滴

　　Windows 清理助手提供系统扫描与清理、在线升级、论坛求助的基本功能，同时在高级功能中包括微软备份工具、文件提取、文件粉碎、IE 浏览器清理、磁盘清理等选项。

step ⑧ 选择【高级功能】|【痕迹清理】选项，选中需要清理的选项前的复选框，单击【分析】按钮。

step ⑨ 分析完毕后，单击【清理】按钮，清理进程痕迹。

10.6.3　游戏优化大师

　　用户可以参考下面介绍的方法，使用游戏优化大师软件优化计算机游戏。

　　【例 10-16】使用游戏优化大师软件优化计算机中的游戏软件运行效果。

step ① 安装并启动游戏优化大师软件后，单击软件主界面中的【添加游戏】按钮，打开【添加游戏】对话框。

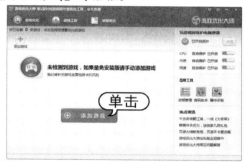

step ② 单击【添加游戏】对话框中的【浏览】按钮，然后在打开的对话框中选中需要优化游戏的启动文件后，单击【打开】按钮返回【添加游戏】对话框。

step ③ 单击【添加游戏】对话框中的【确定】按钮后，返回游戏优化大师主界面。此时，用户只需单击界面中的【开始检测】按钮即可对游戏可优化项目进行检测。

step 4 接下来，单击软件主界面中的【查看优化方案】按钮，打开【优化方案】对话框。

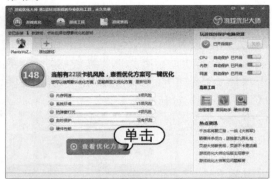

> **知识点滴**
>
> 用户在使用游戏优化大师优化计算机游戏时，可以在【优化方案】对话框中自定义配置游戏的优化项目。实现在玩游戏的过程中，控制运行或关闭某些可能对游戏运行产生影响的软件或程序。

step 5 在【优化方案】对话框中单击【开启游戏模式】按钮，游戏优化大师将自动开始对游戏进行优化。

step 6 完成以上操作后，单击游戏启动文件即可享受游戏优化效果。

第11章

系统安全防范软件

日常的安全隐患和网络上的病毒时刻威胁着计算机的安全，包括通过 Internet 上网受到外部一些程序(计算机病毒)的侵害，而造成系统无法正常运行、内容丢失、计算机设备的损坏等。本章介绍维护计算机安全方面的一些辅助性软件，如杀毒软件、安全卫士、网络监控等。

 本章对应视频

11.1 计算机安全概述

一般来说，安全的系统会利用一些专门的安全特征来控制对信息的访问，只有经过适当授权的人，或者以这些人的名义进行的进程可以读、写、创建和删除信息。

11.1.1 认识计算机网络安全

计算机网络安全是指通过各种技术和管理措施，使网络系统正常运行，从而确保网络数据的可用性、完整性和保密性。建立网络安全保护措施的目的是为了确保经历网络传输和交换的数据，不会发生增加、修改、丢失和泄露等。

一般来讲，网络安全威胁有以下几种。

➤ 破坏数据完整性：破坏数据完整性表示以非法手段获取对资源的使用权限，删除、修改、插入或重发某些重要信息，以取得有益于攻击者的响应；恶意添加、修改数据，以干扰用户的正常使用。

➤ 信息泄露或丢失：它是指人们有意或无意地将敏感数据对外泄露或丢失。它通常包括信息在传输中泄露或丢失，信息在存储介质中泄露或丢失，以及通过建立隐蔽隧道等方法窃取敏感信息等。例如，黑客可以利用电磁漏洞或搭线窃听等方式窃取机密信息，或通过对信息流向、流量、通信频度和长度等参数的分析，推测出对自己有用的信息(用户账户、密码等)。

➤ 拒绝服务攻击：拒绝服务攻击是指不断地向网络服务系统或计算机系统进行干扰，以改变其正常的工作流程，执行无关程序使系统响应减慢甚至瘫痪。从而影响正常用户使用，甚至导致合法用户被排斥不能进入计算机网络系统或不能得到相应的服务。

➤ 非授权访问：是指没有预先经过同意就使用网络或计算机资源。例如，有意避开系统访问控制机制，对网络设备及资源进行非正常使用，或擅自扩大权限，越权访问信息。非授权访问有假冒、身份攻击、非法用户进入网络系统进行违规操作、合法用户以未授权方式操作等形式。

➤ 陷门和特洛伊木马：通常表示通过替换系统的合法程序，或者在合法程序里写入恶意代码以实现非授权进程，从而达到某种特定的目的。

➤ 利用网络散步计算机病毒：计算机病毒是指编制或者在计算机程序中插入的破坏计算机功能或者破坏数据，影响计算机使用并能够自我复制的一组计算机指令或者程序代码。目前，计算机病毒已对计算机系统和计算机网络构成了严重的威胁。

➤ 混合威胁攻击：混合威胁是新型的安全攻击。它主要表现为一种计算机病毒与黑客编制的程序相结合的新型蠕虫病毒，可以借助多种途径及技术潜入企业、政府、银行等网络系统。

➤ 间谍软件、广告程序和垃圾邮件攻击：近年来在全球范围内最流行的攻击方式是钓鱼式攻击，它利用间谍软件、广告程序和垃圾邮件将用户引入恶意网站，这类网站看起来与正常网站没有区别，但通常犯罪分子会以升级账户信息为理由要求用户提供机密资料，从而盗取可用信息。

11.1.2 认识和预防计算机病毒

所谓计算机病毒在技术上来说，是一种会自我复制的可执行程序。对计算机病毒的定义可以分为以下两种：一种定义是通过磁盘、磁带和网络等作为媒介传播扩散，会"传染"其他程序的程序；另一种是能够实现自身复制且借助一定的载体存在的具有潜伏性、传染性和破坏性的程序。

计算机病毒可以通过某些途径潜伏在其他可执行程序中，一旦环境达到计算机病毒发作的时候，便会影响计算机的正常运行，严重时甚至可以造成系统瘫痪。计算机病毒具有以下特征。

> 繁殖性：计算机病毒可以像生物病毒一样进行繁殖。当正常程序运行的时候，它也进行自身复制。是否具有繁殖、感染的特征是判断某段程序是否为计算机病毒的首要条件。

> 破坏性：计算机中毒后，可能会导致正常的程序无法运行，把计算机内的文件删除或受到不同程度的损坏。通常表现为增、删、改、移。

> 传染性：计算机病毒本身具有破坏性，还具有传染性，一旦计算机病毒被复制或产生变种，其速度之快令人难以预防。传染性是病毒的基本特征。

> 潜伏性：有些病毒像定时炸弹一样，它的发作时间是预先设计好的。例如，黑色星期五病毒，不到预定时间一点都察觉不出来，等到条件具备的时候一下子就爆发开来，对系统进行破坏。

> 隐蔽性：计算机病毒具有很强的隐蔽性，有的可以通过病毒软件检查出来，有的根本就检查不出来。有的时隐时现、变化无常，这类病毒处理起来通常很困难。

> 可触发性：因某个事件或数值的出现，诱使计算机病毒实施感染或进行攻击的特性称为可触发性。

1. 计算机感染病毒后的"症状"

如果计算机感染上了病毒，用户如何才能得知呢？一般来说感染上了病毒的计算机会有以下几种"症状"。

> 程序载入的时间变长。

> 可执行文件的大小发生不正常的变化。

> 对于某个简单的操作，可能会花费比平时更多的时间。

> 硬盘指示灯无缘无故地持续处于点亮状态。

> 开机出现错误的提示信息。

> 系统可用内存突然大幅减少，或者硬盘的可用磁盘空间突然减小，而用户却并没有放入大量文件。

> 文件的名称或是扩展名、日期、属性被系统自动更改。

> 文件无故丢失或不能正常打开。

如果计算机出现了以上几种"症状"，那就很有可能是计算机感染上了病毒。

2. 预防计算机病毒

在使用计算机的过程中，如果用户能够掌握一些预防计算机病毒的方法，那么就可以有效地降低计算机感染病毒的概率。这些方法主要包含以下几个方面。

> 最好禁止可移动磁盘和光盘的自动运行功能，因为很多计算机病毒会通过可移动存储设备进行传播。

> 最好不要在一些不知名的网站下载软件，否则很有可能病毒会随着软件一同被下载到计算机上。

> 尽量使用正版杀毒软件。

> 经常从所使用的软件供应商那边下载和安装安全补丁。

> 对于游戏爱好者，尽量不要登录一些外挂类的网站，很有可能在用户登录的过程中，计算机病毒已经悄悄地侵入了计算机系统。

> 使用较为复杂的密码，尽量使密码难以猜测，以防止钓鱼网站盗取密码。不同的账号应使用不同的密码，避免雷同。

> 如果计算机病毒已经进入计算机，应该及时将其清除，防止其进一步扩散。

> 共享文件要设置密码，共享结束后应及时关闭。

> 要对重要文件习惯性地备份，以防遭遇病毒的破坏，造成损失。

> 可在计算机和网络之间安装并使用防火墙，提高系统的安全性。

> 定期使用杀毒软件扫描计算机中的病毒，并及时升级杀毒软件。

11.1.3　木马的种类和伪装

木马(Trojan)这个名字来源于古希腊传说(荷马史诗中木马计的故事，Trojan 一词的特洛伊木马本意是特洛伊的，即代指特洛伊木马，也就是木马计的故事)。"木马"程序是目前比较流行的病毒文件。与一般的病毒不同，它不会自我繁殖，也不会"刻意"地去感染其他文件。它通过将自身伪装吸引用户下载执行，向施种木马者提供打开被种者主机的门户，使施种者可以任意毁坏、窃取被种者的文件，甚至远程操控被种者的主机。木马病毒的产生严重危害着现代网络的安全运行。

1. 木马的种类

➤ 网游木马：网络游戏木马通常采用记录用户键盘输入、Hook 游戏进程 API 函数等方法获取用户的密码和账号。窃取到的信息一般通过发送电子邮件或向远程脚本程序提交的方式发送给木马作者。

➤ 网银木马：它是针对网上交易系统编写的木马病毒，其目的是盗取用户的卡号、密码，甚至安全证书。此类木马种类数量虽然比不上网游木马，但它的危害更加直接，受害用户的损失更加惨重。

➤ 下载类木马：其功能是从网络上下载其他病毒程序或安装广告软件。由于体积很小，下载类木马更容易传播，传播速度也更快。通常功能强大、体积也很大的后门类病毒，如"灰鸽子""黑洞"等，传播时都单独编写一个小巧的下载类木马，用户中毒后会把后门主程序下载到本机运行。

➤ 代理类木马：用户感染代理类木马后，会在本机开启 HTTP、SOCKS 等代理服务功能。黑客把受感染的计算机作为跳板，以被感染用户的身份进行黑客活动，达到隐藏自己的目的。

➤ FTP 型木马：FTP 型木马打开被控制计算机的 21 号端口(FTP 所使用的默认端口)，使每一个人都可以用一个 FTP 客户端程序不用密码连接到受控制端计算机，并且可以进行最高权限的上传和下载，窃取受害者的机密文件。新 FTP 木马还加上了密码功能，这样，只有攻击者本人才知道正确的密码，从而进入对方计算机。

➤ 发送消息类木马：此类木马病毒通过即时通信软件自动发送含有恶意网址的消息。目的在于让收到消息的用户点击网址中毒，用户中毒后又会向更多好友发送病毒消息。此类病毒常用技术是搜索聊天窗口，进而控制该窗口自动发送文本内容。

➤ 即时通信盗号类木马：主要目标在于盗取即时通信软件的登录账号和密码。原理和网游木马类似。盗得他人账号后，可能偷窥聊天记录等隐私内容，或将账号卖掉赚取利润。

➤ 网页点击类木马：恶意模拟用户单击广告等动作，在短时间内可以产生数以万计的点击量。病毒作者的编写目的一般是为了赚取高额的广告推广费用。

2. 木马的伪装

鉴于木马病毒的危害性，很多人对木马的知识还是有一定了解的，这对木马的传播起了一定的抑制作用。因此，木马设计者开发了多种功能来伪装木马，以达到降低用户警觉，欺骗用户的目的。

➤ 修改图标：木马可以将木马服务端程序的图标改成 HTML、TXT、ZIP 等各种文件的图标。

➤ 捆绑文件：指将木马捆绑到一个安装程序上。当安装程序运行时，木马在用户毫无察觉的情况下，偷偷地进入了系统。被捆绑的文件一般是可执行文件。

➤ 出错显示：有一定木马知识的人都知道，如果打开一个文件，没有任何反应，这很可能就是个木马程序。木马的设计者也意识到了这个缺陷，所以已经有木马提供了一个叫作出错显示的功能。当服务端用户打开木马程序时，会打开一个假的错误提示框，当用户信以为真时，木马就进入了系统。

> 定制端口：老式的木马端口都是固定的，只要查一下特定的端口就知道感染了什么木马，所以现在很多新式的木马都加入了定制端口的功能，控制端用户可以在 1024~65535 任选一个端口作为木马端口，这样就给判断所感染的木马类型带来了麻烦。

> 自我销毁：这项功能弥补了木马的一个缺陷。我们知道当服务端用户打开含有木马的文件后，木马会将自己复制到 Windows 的系统文件夹中，原木马文件和系统文件夹中的木马文件的大小是一样的，那么中了木马的用户只要在近来收到的信件

和下载的软件中找到原木马文件，然后根据原木马的文件大小去系统文件夹找相同大小的文件，判断一下哪个文件是木马就行了。而木马的自我销毁功能是指安装完木马后，原木马文件将自动销毁，这样服务端用户就很难找到木马的来源，在没有查杀木马的工具帮助下，就很难删除木马了。

> 木马更名：安装到系统文件夹中的木马的文件名一般是固定的，只要在系统文件夹查找特定的文件，就可以断定中了什么木马。现在有很多木马都允许控制端用户自由定制安装后的木马文件名，这样就很难判断所感染的木马类型了。

11.2　杀毒软件——卡巴斯基

要有效地防范计算机病毒对系统的破坏，可以在计算机中安装杀毒软件以防止计算机病毒的入侵，并对已经感染的计算机病毒进行查杀。卡巴斯基安全软件是一款功能强大，结合了大量的安全技术，多方面防护，实时防御计算机病毒的防毒杀毒软件。

11.2.1　使用卡巴斯基查杀病毒

下载卡巴斯基软件包进行安装，安装完毕后就可以查杀计算机中的病毒。

【例 11-1】使用卡巴斯基安全软件查杀计算机病毒。

视频

step 1　启动卡巴斯基安全软件，单击【扫描】按钮。

step 2　选择【快速扫描】选项，然后单击【运行扫描】按钮。

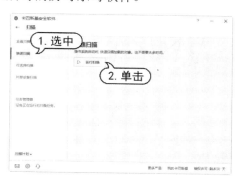

step 3　在查杀计算机病毒的过程中显示进度条，用户可随时单击【停止】按钮，来中止计算机病毒的查杀。

step ④ 计算机病毒查杀结束后，将显示扫描和查杀的结果。

11.2.2 设置卡巴斯基选项

卡巴斯基安全软件可以设置软件在保护、性能、扫描等方面的功能选项，用户可以通过配置这些选项有效地监控计算机系统打开的任何一个陌生文件、发送或接收的邮件或者浏览器打开的网页，从而全面保护计算机不受病毒的侵害。

【例 11-2】设置卡巴斯基选项。 ⊙视频

step ① 启动卡巴斯基安全软件，单击左下角的【设置】按钮 ⚙。

step ② 在打开的界面中选择【常规】选项卡，单击开启【保护】按钮，并设置自动运行软件。

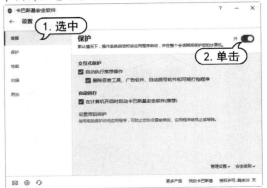

step ③ 选择【保护】选项卡，开启实时保护的各类选项。

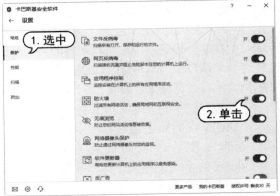

step ④ 选择【性能】选项卡，选中需要添加的各类选项。

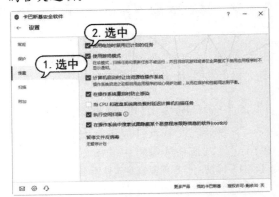

step ⑤ 选择【扫描】选项卡，设置安全级别及扫描计划等选项。

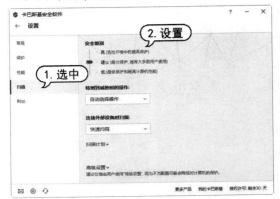

step ⑥ 选择【附加】选项卡，对更新、自我保护、网络等选项进行设置。

11.2.3　使用其他工具

卡巴斯基安全软件还拥有更多的安全工具如云保护、网络监控等。

打开主界面，单击【更多工具】按钮，进入【工具】界面，选择相关选项卡中的选项进行设置，比如选择【安全】选项卡，选择【云保护】工具选项。

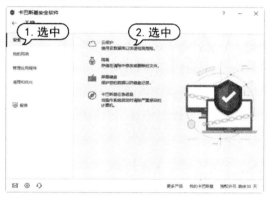

此时打开【云保护】界面，显示卡巴斯基云保护已连接。

选择【清理和优化】选项卡，选择【PC清除器】工具选项。

此时打开【PC清除器】界面，单击【运行】按钮，即可检测和清理错误的安装程序或浏览器扩展程序。

11.3　瑞星杀毒软件

瑞星杀毒软件是一款著名的国产杀毒软件，是专门针对目前流行的网络病毒研制开发的产品。它是保护计算机系统安全的常用工具软件。

11.3.1　使用瑞星查杀病毒

瑞星杀毒软件官方版占用资源少，操作简单，用户只需下载安装后就可以进行使用。瑞星杀毒软件分别从用户操作体验提升、查杀与监控功能优化和"自我保护"功能强化等角度，做出多项重大更新。

【例 11-3】使用瑞星杀毒软件查杀计算机病毒。

📀视频

step ① 启动瑞星杀毒软件,单击【病毒查杀】按钮。

step ② 切换至【病毒查杀】界面。在该界面中有3种查杀方式可供选择,本例单击【自定义查杀】按钮。

step ③ 打开【选择查杀目录】对话框,用户可选择要进行查杀计算机病毒的对象或目录,然后单击【开始扫描】按钮,开始查杀计算机病毒。

step ④ 在查杀计算机病毒的过程中,用户可随时单击【暂停】按钮或【取消】按钮,来中止病毒的查杀。

step ⑤ 病毒查杀结束后,将显示扫描和查杀的结果。

11.3.2 进行垃圾清理

瑞星杀毒软件提供了系统垃圾清理功能,使计算机系统运行更加快速稳定。

【例 11-4】使用瑞星杀毒软件清理系统垃圾。
🎬 视频

step ① 启动瑞星杀毒软件,单击【垃圾清理】按钮。

step ② 切换至【垃圾清理】界面,单击【垃圾扫描】按钮。

step 3　开始扫描系统垃圾，显示进度条。

step 4　扫描完毕后显示垃圾种类，单击【立即清理】按钮。

step 5　开始清理垃圾，清理结束后，用户还可以选择更多的系统垃圾选项，单击【深度清理】按钮。

step 6　深度清理完成后，显示清理的磁盘空间，单击【返回】按钮可返回主界面。

11.3.3　安装瑞星防火墙

瑞星提供了防火墙软件，使用瑞星防火墙能够更加有针对性地对网络病毒进行查杀。

在瑞星的主界面中单击【安全工具】按钮，打开【安全工具】界面。其中，显示了几种瑞星旗下的工具软件，单击界面中的【瑞星之剑】按钮。

然后在打开的对话框中单击【下载】按钮即可下载并安装瑞星的防火墙工具软件。

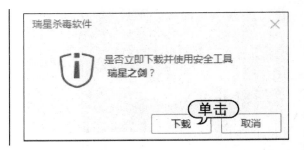

11.4 查杀木马软件——360 安全卫士

360 安全卫士是一款由奇虎 360 公司推出的功能强、效果好、受用户欢迎的安全杀毒软件。360 安全卫士拥有查杀木马、清理插件、修复漏洞、电脑体检、电脑救援、保护隐私、清理垃圾、清理痕迹多种功能,并独创了"木马防火墙""360 密盘"等功能,依靠抢先侦测和云端鉴别,可全面、智能地拦截各类木马,保护用户的账号、隐私等重要信息。

11.4.1 查杀木马

要使用 360 安全卫士查杀计算机中可能存在的木马程序,用户可以参考以下方法。

【例 11-5】使用 360 安全卫士查杀木马。📀视频

step 1 启动 360 安全卫士软件后,在软件主界面中选择【木马查杀】选项卡,在显示的界面中单击【快速查杀】或【全盘查杀】等按钮。

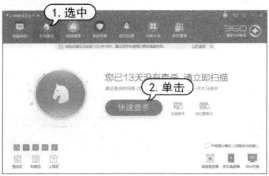

step 2 此时,软件将自动检查计算机系统中的各项设置和组件,并显示其安全状态。

step 3 完成扫描后,在打开的界面中单击【一键处理】按钮即可。

11.4.2 修复系统漏洞

系统本身的漏洞是重大隐患之一,用户必须要及时修复系统的漏洞。要使用 360 安全卫士修补系统漏洞,用户可以参考以下方法。

【例 11-6】使用 360 安全卫士修复漏洞。📀视频

step 1 启动 360 安全卫士软件后,在软件主界面中选择【系统修复】选项卡,在显示的界面中单击【全面修复】按钮。

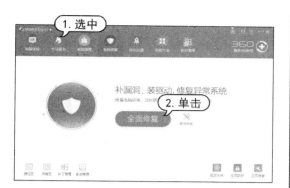

step 2 软件开始扫描需要优化的程序，扫描完成后显示可优化项，单击【立即优化】按钮。

step 2 软件开始扫描计算机系统，显示系统中存在的安全漏洞。

step 3 扫描完成后，单击【一键修复】按钮。此时，软件进入修复过程，自动执行漏洞补丁的下载及安装。有时系统漏洞修复完成后，会提示重启计算机，单击【立即重启】按钮，重启计算机完成系统漏洞的修复。

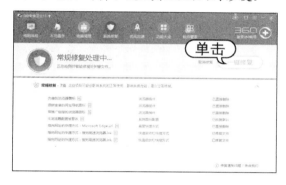

11.4.3　优化加速系统

　　360 安全卫士的优化加速功能可以提升开机速度、系统速度、上网速度和硬盘速度。

【例 11-7】使用 360 安全卫士优化加速系统。

🔑 视频

step 1 启动 360 安全卫士软件后，在软件主界面中选择【优化加速】选项卡，在显示的界面中单击【全面加速】按钮。

step 2 软件开始扫描需要优化的程序，扫描完成后显示可优化项，单击【立即优化】按钮。

step 3 打开【一键优化提醒】对话框，选中需要优化的选项对应的复选框，如需要全部优化，单击【全选】按钮，然后单击【确认优化】按钮。

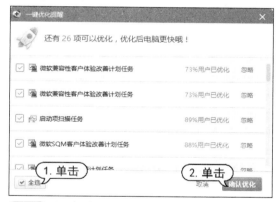

step 4 所有选项优化完成后，显示优化的项目及优化效果。

11.4.4　系统盘瘦身

　　如果系统盘可用空间太小，则会影响系统的正常运行。下面介绍使用 360 安全卫士的【系统盘瘦身】功能释放系统盘空间。

【例 11-8】使用 360 安全卫士释放系统盘空间。
🔘视频

step 1　启动 360 安全卫士软件后，单击主界面右下角的【更多】按钮。

step 2　打开【全部工具】界面，选择【系统工具】选项卡，将鼠标移至【系统盘瘦身】图标上，单击显示的【添加】按钮。

step 3　工具添加完成后，打开【系统盘瘦身】对话框，单击【立即瘦身】按钮，即可进行优化。

step 4　完成后，即可看到释放的磁盘空间。由于部分文件需要重启计算机才能生效，单击【立即重启】按钮重启计算机。

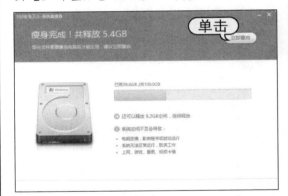

11.5　网络辅助分析工具

　　网络辅助分析工具又称网络嗅探工具，即协议分析器，是一种监视网络数据运行的软件。网络辅助分析工具既能用于合法网络管理也能用于窃取网络信息。网络运作和维护都可以采用网络辅助分析工具，如监视网络流量、分析数据包、监视网络资源利用、执行网络安全操作规则、鉴定分析网络数据，以及诊断并修复网络问题等。

11.5.1　使用 Sniffer Pro

　　Sniffer 中文可以翻译为嗅探器，是一种基于被动侦听原理的网络分析方式。可以监视网络的状态、数据流动情况以及网络上传输的信息。当信息以明文的形式在网络上传输时，便可以使用网络监听的方式来进行攻击。将网络接口设置在监听模式，便可以将网上传输的源源不断的信息截获。Sniffer 技术被广泛地应用于网络故障诊断、协议分析、应用性能分析和网络安全保障等领域。

【例 11-9】使用 Sniffer Pro 获取并分析网络数据。

step 1　单击【开始】按钮，打开菜单，右击 Sniffer Application 快捷方式，在打开的快捷菜单中选择【属性】命令。

step 2 打开【Sniffer Application属性】对话框。选择【兼容性】选项卡，选中【以兼容模式运行这个程序】复选框。单击下拉按钮，选择Windows XP(Service Pack 3)选项，单击【确定】按钮。

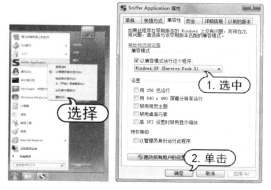

step 3 双击Sniffer Application软件启动图标，打开【当前设置】对话框。选择监听的网络接口，单击【确定】按钮。

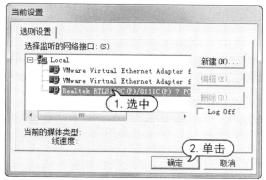

step 4 在软件主界面选择【监视器】|【定义过滤器】选项。

step 5 打开【定义过滤器-监视器】对话框。选择【地址】选项卡，在【位置 1】文本框中输入Mac地址"00241D203ADC"，在【位置 2】文本框中输入"任意的"。

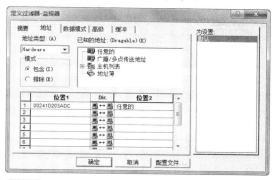

step 6 选择【高级】选项卡，选择TCP和UDP协议。

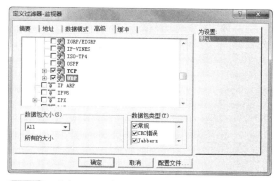

step 7 选择【缓冲】选项卡，设置缓冲属性，单击【确定】按钮。

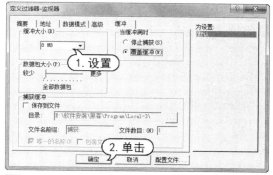

知识点滴

　　MAC 地址用于定义网络设备的位置。在 OSI 模型中，第三层网络层负责 IP 地址，第二层数据链路层负责 MAC 位址。因此，一个主机都有一个 IP 地址，而每个网络位置都会有一个专属的 MAC 地址。

step 8 在软件主界面中选择【捕获】|【开始】选项，开始捕获数据。

step 9 选择Objects | Connection选项，查看捕获的数据。

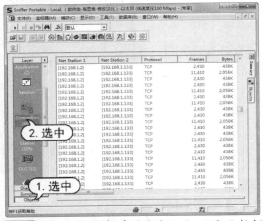

step 10 双击需要查看的数据，即可显示数据包的协议、站点、IP地址等信息。

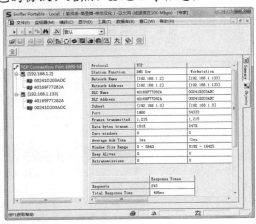

11.5.2 使用艾菲网页侦探

艾菲网页侦探是一个HTTP协议的网络嗅探器、协议分析器和HTTP文件重建工具。它可以捕捉局域网内的含有HTTP协议的IP数据包，并对其进行分析，找出符合过滤器的那些HTTP通信内容。通过它，用户可以看到网络中的其他人浏览了哪些网页，这些网页的内容是什么。特别适用于企业主管对公司员工的上网情况进行监控。

【例 11-10】使用艾菲网页侦探工具嗅探浏览过的网页。

step 1 双击EffeTech HTTP Sniffer软件启动图标，选择Sniffer | Select an adapter命令。

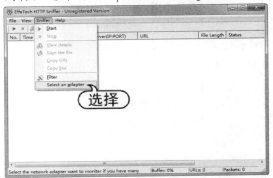

step 2 自动打开Select a Network Adapter对话框，选择合适的适配器，单击OK按钮。

step 3 返回软件主界面，选择Sniffer | Filter命令。

step 4 打开Sniffer Filter对话框，在Content选项组中，设置嗅探的内容。在Host选项组中，设置嗅探的范围，单击OK按钮。

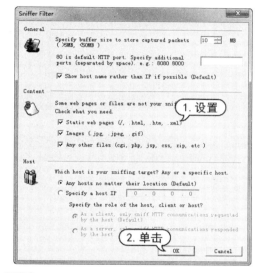

step 5 返回软件主界面，选择Sniffer | Start命令。

step 6 此刻，软件开始嗅探，嗅探到的时间、IP地址、端口号、网站地址等信息将会在下图列表中显示。

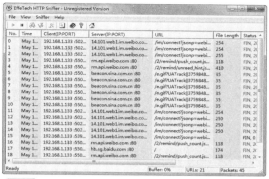

step 7 双击需要查看的内容，打开HTTP Communications Detail对话框，选择Detail选项卡，查看基本信息和数据包列表。

11.6　系统自带安全软件——Windows Defender

Windows Defender 软件集成于 Windows 7、Windows 10 等操作系统中，可以帮助用户检测及清除一些潜藏在计算机操作系统里的间谍软件及广告程序，并保护计算机不受到来自网络的一些间谍软件的安全威胁及控制。

11.6.1　启用 Windows Defender

在 Windows 10 系统中，单击【开始】按钮，在打开的【开始】菜单中，选择【Windows 系统】| Windows Defender 选项，或者在 Cortana 中搜索 Windows Defender，即可打开 Windows Defender 程序。

在打开的 Windows Defender 程序界面中，单击【设置】按钮，在打开的【设置】对话框中，将【实时保护】功能设置为【开】即可启用实时保护。

11.6.2 进行系统扫描

如果 Windows Defender 程序顶部颜色条为红色，则计算机处于不受保护状态，实时保护已被关闭，此时【实时保护】功能设置为【关】状态。

Windows Defender 主要提供了【快速】【完全】【自定义】三种扫描方式，用户可以根据需求选择系统扫描方式。

首先打开软件，选中【快速】单选按钮，单击【立即扫描】按钮。

软件即开始对计算机进行扫描，单击【取消扫描】按钮，可停止当前系统的扫描，扫描完成后，即可看到计算机系统的检测情况。

11.6.3 更新 Windows Defender

在使用 Windows Defender 时，用户可以对病毒库和软件版本等进行更新。打开 Windows Defender 程序，选择【更新】选项卡，单击【更新定义】按钮，软件即开始从 Microsoft 服务器上查找并下载最新的病毒库和版本内容。

11.7 案例演练

本章的案例演练是使用 360 杀毒软件查杀病毒等几个实例操作，用户通过练习从而巩固本章所学知识。

11.7.1 使用 360 杀毒软件

360 杀毒是 360 安全中心出品的一款免费的云安全杀毒软件。它创新性地整合了五大领先查杀引擎，具有查杀率高、资源占用少、升级迅速等优点。

【例 11-11】使用 360 杀毒软件查杀病毒。 视频

step 1 打开 360 杀毒软件，单击【快速扫描】按钮。

step 2 软件将对系统设置、常用软件、开机启动项等进行病毒查杀。

step 3 查杀结束后，如果未发现病毒，软件会提示"本次扫描未发现任何安全威胁"。

step 4 如果发现安全威胁，选中威胁对象前对应的复选框，单击【立即处理】按钮，"360杀毒"软件将自动处理威胁对象。

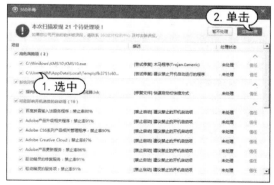

step 5 处理完成后，单击【确认】按钮，完成本次病毒查杀。

step 6 360 杀毒软件提示"已成功处理所有发现的项目",单击【立即重启】按钮。

11.7.2 使用木马专家软件

木马专家 2019 软件除采用传统病毒库查杀木马外,还能够智能查杀未知变种木马,自动监控内存可疑程序,实时查杀内存硬盘木马,采用第二代木马扫描内核,支持脱壳分析木马。

【例 11-12】使用木马专家软件查杀木马。📀 视频

step 1 启动木马专家 2019,单击【扫描内存】按钮,打开【扫描内存】提示框,显示是否使用云鉴定全面分析系统,单击【确定】按钮。

step 2 内存扫描完毕,自动进行联网云鉴定,云鉴定信息在列表中显示。

step 3 返回初始界面,单击【扫描硬盘】按钮,在【扫描模式选择】选项中,单击下方的【开始自定义扫描】按钮。

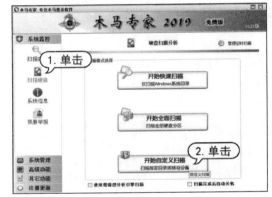

step 4 打开【浏览文件夹】对话框,选择需要扫描的文件夹后,单击【确定】按钮。

step 5 进行硬盘扫描,扫描结果将显示在下方窗格中。

step⑥ 单击【系统信息】按钮，查看系统各项属性，单击【优化内存】按钮可以优化内存。

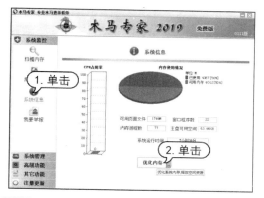

step⑦ 单击【系统管理】|【进程管理】按钮。选中任意进程后，在【进程识别信息】框中，即可显示该进程的信息。若是可疑进程或未知项目，单击【中止进程】按钮，停止该进程运行。

11.7.3　使用 AD-Aware

AD-Aware 是一款系统安全工具，它可以扫描用户计算机中的网站所发送进来的广告跟踪文件和相关文件，并且能够安全地将它们删除。使用户不会因为它们而泄露自己的隐私和数据。

【例 11-13】使用 AD-Aware 清除浏览器隐私数据。

step① 双击AD-Aware软件启动图标，单击【切换为高级模式】按钮。

step② 打开【高级模式】窗格，单击【扫描系统】按钮。

step③ 打开【扫描模式】窗格，单击【设置】按钮。

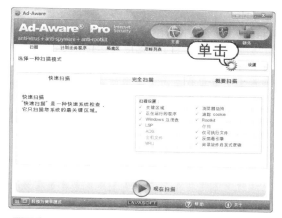

step④ 打开【扫描设置】对话框，单击【选择文件夹】按钮。

step⑤ 打开【选择文件夹】对话框。选择要扫描的文件夹，单击【确定】按钮。

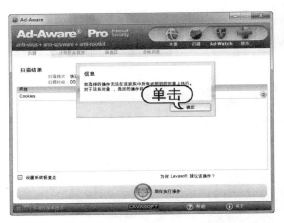

step 6 返回【扫描模式】窗格,单击【现在扫描】按钮。

step 9 单击右上方的Ad-Watch按钮,打开Ad-Watch窗格。在其中可以设置监视本机进程、注册表及网络状态。

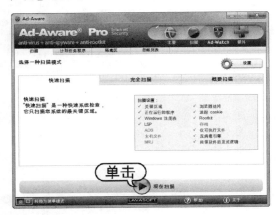

step 7 扫描完成后,打开【建议操作】下拉列表,选择【修复所有】选项。

step 10 单击右上方的【额外】按钮,进入【额外】窗格。

step 8 打开提示框,单击【确定】按钮,进行修复。选定的操作将不能更改。

step 11 在Internet Explorer列表中,选中对应选项前的复选框,单击【设置】按钮。

step 12 在弹出的对话框中选中【免打扰】复选框。在【语言】下拉列表中选择【简体中文】选项，单击【确定】按钮。

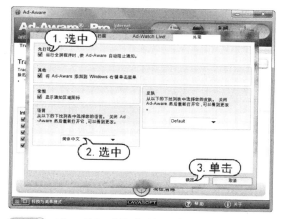

step 13 返回【额外】窗格。单击【现在清除】按钮，清除完成后，打开提示框。单击【确定】按钮，完成操作。

11.7.4 使用科来网络分析系统

科来网络分析系统具有行业领先的专家分析技术，通过捕获并分析网络中传输的底层数据包，对网络故障、网络安全以及网络性能进行全面分析检测、诊断，帮助用户排除网络事故，规避安全风险。

【例 11-14】使用科来网络分析系统工具进行网络分析。

step 1 双击【科来网络分析系统】软件启动图标，选中【本地连接】复选框。单击【全面分析】按钮，单击Start按钮，开始捕获数据包。

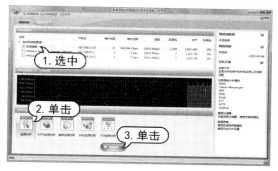

step 2 在【分析】选项卡中，单击【过滤器】按钮。

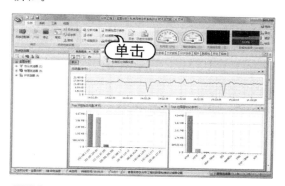

step 3 弹出【分析方案设置(全面分析)】对话框。在【设置数据包过滤器】窗格中，左侧是常用的网络协议，右侧以流程图的形式显示网络适配器接收的数据送到分析模块的方式。

計算機常用工具軟件案例教程(第2版)

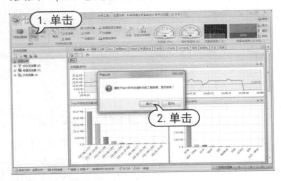

step 4 選中HTTP協議中的【接受】複選框，單擊【確定】按鈕，保存過濾器設置。

step 5 返回軟件主界面，單擊【停止】按鈕，停止當前捕獲操作。再單擊【開始】按鈕，軟件重新捕獲數據包。彈出【開始分析】對話框，單擊【是】按鈕。

step 6 只捕獲那些適合過濾器要求的數據包，可以在【主視圖區】窗格中，選擇各種選項卡查看具體的信息。

step 7 在【分析】選項卡中，單擊【分析對象】按鈕。

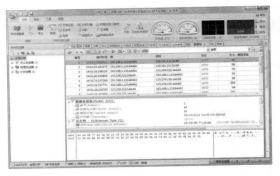

step 8 彈出【分析對象設置(全面分析)】對話框。在其中可設置需要啟動和分析的網絡分析對象、分析協議明細、分析的最大對象數量等。

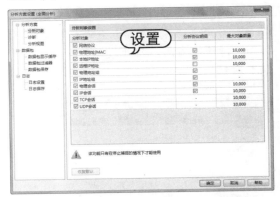

step 9 在左側窗格中選擇【分析方案】|【診斷】選項。它包含了系統支持的所有診斷事件，用戶可根據網絡情況，更改診斷事件的設置。

step ⑩ 在左侧窗格中，选择【分析方案】|【分析视图】选项。用户可以设置视图是否显示。被选中的选项才能以选项卡形式出现在【主视图区】窗格中。

step ⑪ 在左侧窗格中，选择【数据包】|【数据包显示缓存】选项，设置数据包缓存及数据包缓存模式。

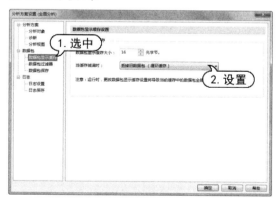

step ⑫ 在左侧窗格选择【日志】|【日志设置】选项，设置保存日志的缓存大小和日志类型。单击【确定】按钮。保存更改的设置。

step ⑬ 所有更改的设置将在新的捕获操作中生效。

11.7.5　使用 Windows Defender (Windows 7 版)

　　Windows Defender 在 Windows 7 操作系统中也有对应的版本，可以帮助用户检测及清除一些潜藏在计算机操作系统里的间谍软件及广告程序，并保护计算机不受到来自网络的一些间谍软件的安全威胁及控制。

　　【例 11-15】在 Windows 7 操作系统中使用 Windows Defender 手动扫描间谍软件。

step ① 单击【开始】按钮，选择【控制面板】命令，打开【控制面板】窗口。然后单击Windows Defender选项，打开Windows Defender窗口。

step ② 在打开的窗口中单击【扫描】按钮右侧的倒三角按钮，会打开 3 个选项供用户选

择。它们分别是【快速扫描】选项、【完全扫描】选项和【自定义扫描】选项。

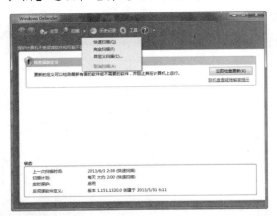

step ③ 选择【自定义扫描】选项,打开【扫描选项】对话框。单击【选择】按钮打开Windows Defender对话框。

step ④ 在该对话框中选择要进行扫描的磁盘分区或文件夹。

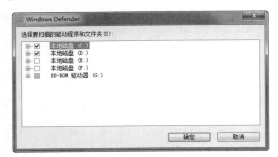

step ⑤ 选择完成后,单击【确定】按钮返回【扫描选项】对话框。

step ⑥ 单击【立即扫描】按钮,开始对自定义的位置进行扫描。

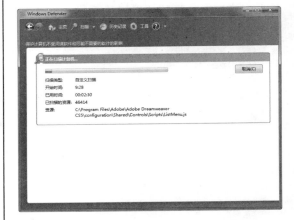

第12章

手机管理应用软件

目前常用的智能手机非常类似于个人计算机，具有独立的操作系统，可以由用户自行安装软件、游戏等第三方服务商提供的程序。通过此类程序来不断对手机的功能进行扩充，并可以通过移动通信网络实现网络接入等。本章围绕智能手机，简单介绍如何安装驱动、如何向手机添加软件等操作。

12.1 手机软件概述

手机软件是可以安装在手机上的软件,完善原始系统的不足与个性化。随着科技的发展,现在手机的功能也越来越多、越来越强大。手机软件不再像过去那么简单死板,目前发展到了可以与计算机软件相媲美的程度。

12.1.1 手机操作系统

手机操作系统主要应用在智能手机上。主流的智能手机系统有 Google Android 和苹果的 iOS 等。智能手机与非智能手机都支持 Java,智能机与非智能机的区别主要看能否基于系统平台的功能扩展。

目前应用在手机上的操作系统主要有 Android(安卓)、iOS(苹果)等。下面介绍市面上常用的手机系统。

➤ Android(安卓):它是现在最为普遍的操作系统之一,在国内应该是人们用得最多的智能机操作系统。它是一种基于 Linux 开发的操作系统,主要应用于移动设备,如智能手机和平板电脑,由 Google 公司和开放手机联盟领导及开发。尚未有统一中文名称,中国大陆地区较多人使用"安卓"。Android 操作系统主要支持手机。后来逐渐扩展到平板电脑及其他领域上,如电视、数码相机、游戏机等。Android 的标记如下图所示。

➤ iOS(苹果):iOS 作为苹果移动设备 iPhone 和 iPad 的操作系统,在 App Store 的推动之下,成为世界上引领潮流的操作系统之一。iOS 的用户界面的概念基础上是能够使用多点触控直接操作。控制方法包括滑动、轻触开关及按键。与系统交互包括滑动、轻按、挤压(通常用于缩小)及反向挤压(通常用于放大)。此外,通过其自带的加速器,可以使其旋转设备改变其 y 轴以使屏幕改变方向,这样的设计使 iPhone 更便于使用。iOS 的标记如下图所示。

12.1.2 了解手机刷机

刷机是指通过一定的方法更改或替换手机中原本存在的一些语音、图片、铃声、软件或者操作系统。

通俗来讲,刷机就是给手机重装系统。刷机可以使手机的功能更加完善,并且使手机还原到原始状态。一般情况下手机操作系统出现损坏,造成功能失效或无法开机及运行时,也通常使用刷机的方法恢复。

1. 刷机常用方法

一般在进行刷机时，都支持线刷方式。目前，安卓操作系统的手机，刷机方法大致可分为如下两种。

➤ 卡刷：把刷机包直接放到 SD(存储卡)卡上，然后在手机上直接进行刷机。卡刷时常用软件包括一键 ROOT Visionary(取得Root)和固件管理大师(用于刷 Recovery)等。

➤ 线刷：通过计算机上的线刷软件，把刷机包用数据线连接手机载入到手机内存中，使其作为"第一启动"的刷机方法。线刷软件都为计算机软件，一般来说不同手机型号有不同的刷机软件。

知识点滴

在刷机之前，一定要了解该款手机刷机的方法，并熟悉刷机的整个流程。最重要的是下载与手机型号相匹配的刷机包等内容。

2. 刷机风险

刷机带有一定的风险，但是正常的刷机操作是不会损坏手机硬件的。并且刷机可以解决手机中存在的一些操作不方便、某些硬件无法使用、手机软件故障等问题。

但是，不当的刷机方式可能会带来不必要的麻烦，如无法开机、开机死机、功能失效等后果。有很多 Windows 操作系统的手机、刷机后很容易导致手机恢复出厂设置，变成全英文界面的操作系统，将会造成很难解决的问题，所以刷机是一件严谨的事情。

一般刷机后就不能再保修了，所以不是

特别需要的话，最好不要刷机。而安卓操作系统的手机，刷机重装系统后一般不会有太大的风险，即使刷机失败，或是 ROM 不合适，只需再换个 ROM 重新刷一次即可。

知识点滴

ROM 就好比计算机装系统时所需的安装盘，即手机的系统包。刷机就是把 ROM 包"刷"入手机中，达到更新手机系统的目的。ROM 包一般都是ZIP、RAR 等压缩包或其他后缀的样式，依品牌和机型的不同而有所区别。

3. 刷机时的注意事项

刷机并不是一件非常简单的操作，在操作之前要做好准备。否则，一点小问题都有可能造成刷机失败。

➤ 只要能与计算机连接，则即使刷机失败，也有可能通过软件恢复系统(用户可以使用不同的软件尝试)。

➤ 普通数据线也能刷机，只要数据线稳定，就能保证数据的传输。

➤ 刷机时不一定要满电，但也不要只剩不足的电量(一般需要有 35%以上的电量)。

➤ 刷机的时候，SIM 卡和存储卡不一定要取出。

➤ 不是任何手机都可以刷机。

➤ 不是任何问题都可以通过刷机解决。

➤ 不同类型的手机，都有自己的刷机方法，各种刷机方法不尽相同。所以刷机之前一定要看清教程介绍。

➤ 计算机操作系统中最好是 WindowsXP 非精简版以上，并关闭一切杀毒软件。

12.2　手机连接计算机

目前，智能手机不断普及，而相对产生的手机管理软件也比较多。而使用手机管理软件前，首先需要将手机连接到计算机上。

12.2.1　安装手机驱动程序

如果手机连接计算机只是用于充电，不需要安装任何驱动程序。如果用来读 SD 卡或手机上的照片，安卓手机需要在手机端打开 USB 连接设置时确认，安卓手机只要不通

过计算机连接手机进行安装等操作可以不安装驱动程序，但苹果手机必须要安装驱动程序才行。

为了更方便用户操作，产生了手机USB 通用性的驱动程序，即绝大多数常用类型手机，都可以安装该驱动程序实现手

机与计算机之间的连接。如果要安装手机驱动程序，最好在品牌手机官网下载相关驱动程序。

【例 12-1】安装手机 USB 驱动程序。

step 1 下载手机 USB 驱动程序，并打开所下载文件的文件夹，右击驱动程序文件，在打开的快捷菜单中，选择【以管理员身份运行】命令。

step 2 打开安装向导对话框，自动安装驱动程序，显示安装进度条。

step 3 安装完毕后将自动退出对话框。

12.2.2 复制计算机文件至手机

用户在使用 Android 手机时，可以使用手机直接获取计算机中的文件。

用户可以参考下面介绍的方法将计算机中的文件复制到手机中。

【例 12-2】利用数据线将计算机中的文件复制到 Android 手机中。

step 1 使用 USB 数据线将手机与计算机连接在一起后，手机将显示提示用 USB 进行文件传输，点击【是】按钮。

step 2 此时计算机和手机进行连接，并弹出【自动播放】对话框，显示手机内容，单击【打开设备以查看文件】链接。

step 3　双击手机内存磁盘，显示手机存储内容。

step 4　打开【计算机】窗口，找到并右击计算机中的图片文件，在打开的快捷菜单中选择【发送到】| HTC U-3w(手机名称)命令。

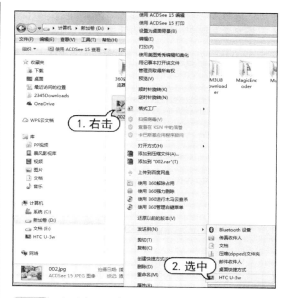

step 5　在手机上关闭 USB 连接，打开文件管理软件，找到存储文件夹中传送的图片文件。

12.3　91 手机助手

91 手机助手是最受广大智能手机用户喜爱的中文应用市场之一，是国内最大、最具影响力的智能终端管理工具，也是全球唯一跨终端、跨平台的内容分发平台。智能贴心的操作体验，最多最安全可靠的资源让其成为亿万用户的共同选择。

12.3.1　使用 91 手机助手连接手机

91 手机助手具有智能手机主题、壁纸、铃声、音乐、电影、软件、电子书的搜索、下载、安装等功能。下图所示为 91 手机助手运行界面。

在安装 91 手机助手软件之后启动该软件,将手机所随带的 USB 数据线与计算机连接,并与手机连接,此时,在窗口中将检测手机,并自动安装驱动程序,然后连接手机设备。

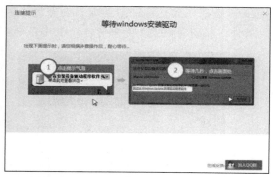

手机设备与计算机连接成功后,即可跳转到【我的设备】选项卡窗口,显示【微信管理】【备份还原】【照片管理】【最美铃声】等选项。

12.3.2 使用91手机助手安装软件

将手机与计算机通过 91 手机助手连接

完成后,即可安装手机软件。

【例 12-3】在 91 手机助手中安装手机软件。

step 1 手机设备与计算机连接成功后,单击【找应用】标签,在【装机必备】选项卡中,可以查看 91 助手推荐安装的软件。选择需要安装的软件,然后单击软件后面的【下载】按钮。

step 2 此时开始下载并显示下载进度,下载完毕将自动安装。

step 3 在【装机必备】选项卡中显示刚安装的软件【去哪儿旅行】已安装。

step 4 如果要卸载软件,可以单击【我的设备】标签,在【我的应用】选项卡里选中【去哪儿旅行】软件的复选框,然后单击【卸载】按钮。

step 5 打开提示对话框,单击【确定】按钮。

step 6 开始卸载软件并显示卸载进度条。卸载完毕后,该软件将从安装软件列表中消失。

12.3.3　添加手机铃声

下面介绍使用 91 手机助手软件向手机中添加铃声的方法。

【例 12-4】在 91 手机助手中添加手机铃声。

step 1 手机设备与计算机连接成功后,单击【铃声】标签,选择一首歌曲作为铃声,单击后面的【下载】按钮。

step 2 此时开始下载,下载完毕后单击右上角的按钮,打开【下载中心】窗口,单击【设置】按钮,即可将该歌曲上传为手机铃声。

step 3 单击【我的设备】标签,选择左侧的【铃声】选项卡,选中刚下载的铃声前的复选框,然后单击【设置】按钮,在弹出的下拉菜单中选择【设为来电铃声】命令即可设置为手机来电铃声。

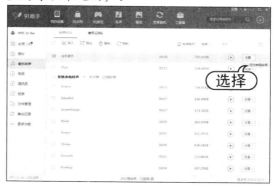

12.3.4　设置手机壁纸

使用 91 手机助手,可以轻松改变手机里的壁纸图片。

当手机设备与计算机连接成功后，单击【壁纸】标签，选择一张图片，单击下面的【设为壁纸】链接。

打开【下载中心】窗口，单击下载好的壁纸选项后的【设置】按钮，即可上传为手机壁纸图片。

12.4　360 手机助手

360 手机助手是 360 推出的手机助手，拥有海量软件和游戏轻松下载，炫彩主题壁纸随心点选，用户可以通过它轻松下载、安装、管理手机资源，还可用最省流量、最快捷方便、最安全的方式获取网络资源，所有信息资源全部经过 360 安全检测中心的审核认证，绿色无毒，安全无忧。

12.4.1　使用 360 手机助手连接手机

手机连接计算机后，启动 360 手机助手软件，即可搜索手机信息，单击【连接】按钮即可连接上手机，显示手机状态。

单击首页中的【文件管理】按钮，打开【文件管理】选项卡，查看手机内部文件，用户可以进行删除和备份操作。

选择【已装应用】选项卡，显示手机中安装的应用软件，用户可以选中前面的复选框，然后单击后面的【卸载】按钮，对该软件进行卸载。

12.4.2 安装和升级软件

在 360 手机助手软件中，除了安装、卸载软件外，还可以升级已经安装的软件。

【例12-5】在360手机助手中安装和升级手机软件。

step① 手机设备与计算机连接成功后，在360手机助手中单击【找软件】标签，在【排行榜】选项卡中，可以查看市面上下载最多的软件。选择需要安装的软件，然后单击软件后面的【安装】按钮。

step② 此时开始下载软件，单击右上角的下载按钮，打开【下载管理】窗口，显示下载进度并在下载完成后自动安装。

step③ 单击【我的手机】标签，选择【已装应用】选项卡，显示新安装的【抖音短视频】手机软件。

step④ 选择【可升级应用】选项卡，选中一款可升级的软件前面的复选框，然后单击后面的【升级】按钮。

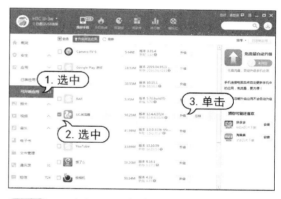

step⑤ 此时自动下载并升级该软件，显示下载进度。

step⑥ 升级完毕后，软件就从【可升级应用】选项卡转移到了【已装应用】选项卡，表示升级成功。

12.4.3　手机安全体检

首次使用 360 手机助手，在【我的手机】界面中单击【立即体检】按钮，可以对手机进行查杀病毒、清理垃圾、优化速度等操作。

如果手机没有安全危险，将显示未检测出问题。

用户可以继续选择【微信清理】选项卡，单击【开始清理】按钮，清理微信内容。

此时开始扫描微信接收的内容，扫描完毕后，单击需要清理内容下面的【深度清理】按钮即可清理该内容。

12.5　使用 iTunes 软件

iTunes 是一款媒体播放器的应用程序，用来播放以及管理数字音乐和视频文件，是管理苹果电脑最受欢迎的 iPod 与 iOS 设备的文件的主要工具之一。此外，iTunes 能连接到 iTunes Store，以便下载购买的数字音乐、音乐视频、电视节目、iPod 游戏、各种播客以及标准长片。

12.5.1　使用iTunes同步iPhone手机

使用 iTunes 可以同步用户的 iPhone 手机，可通过 iTunes 同步的内容包括：专辑、歌曲、播放列表、影片、电视节目、播客、图书和有声读物；照片和视频；通讯录和日历；使用 iTunes 制作的设备备份等。

首先打开 iTunes 并使用 USB 连接线将用户的 iPhone 手机连接到计算机，在 iTunes 窗口的左上角单击设备图标。

从 iTunes 窗口左侧【设置】下的列表中，单击想要同步或移除的内容类型。如果要为某个内容类型开启同步，请选择同步下方的复选框。点按屏幕左下角的【应用】按钮，如果同步没有自动开始，请单击【同步】按钮。

12.5.2　使用 iTunes Store

iTunes Store 是世界上首屈一指的音乐商店，它有数以百万计的歌曲、专辑、视频等供用户选购，同时也提供了许多免费项目，如播客和教育讲座。若要访问商店，单击导航栏中的【商店】按钮，若要查看商店的其他部分，从左上方的弹出式菜单中选取一个媒体类型。

从 iTunes Store 购买、下载或免费租借的项目会立即添加到 iTunes 资料库。用户也可以设置自动下载，以使从商店下载的项目下载到所有计算机和设备，而不仅是用于获得项目的计算机。

12.5.3　使用iTunes传输文件到手机

打开 iTunes，从菜单栏上选择【文件】|【将文件添加到资料库】命令。在【设置】栏中选择【音乐】选项，然后在右方操作界面上先选中【同步音乐】复选框，再从【表演者】和【专辑】框中选中刚才添加到资料库中的音乐文件，单击【应用】按钮，最后，单击【同步】按钮完成最后的同步工作。

此外还可以使用文件共享的方式来传输文件：首先单击【设备】按钮，然后选择【文件共享】选项，在左侧的列表中，选择设备

上要传输的文件，如果是将文件从计算机传输到设备，单击【添加】按钮，选择要传输的文件，然后单击【添加】按钮。如果是将文件从设备传输到计算机，在右侧列表中选择要传输的文件，单击【保存到】按钮，单击要保存文件的位置，然后单击【保存到】按钮。

12.6 使用刷机精灵

刷机精灵是由深圳瓶子科技有限公司推出的一款运行于 PC 端的 Android 手机一键刷机软件，能够帮助用户在简短的流程内快速完成刷机升级。刷机精灵是最受用户欢迎的安卓一键刷机软件，采用无忧式一键自动刷机。

12.6.1 备份手机数据

刷机精灵可以实现智能安装驱动，并告别烦琐操作，只需使用鼠标轻松地单击便可刷机。另外，在刷机过程中该软件可以通过云端发现刷机方案，并通过该方案进行安全可靠的刷机。刷机前需要备份手机数据，以免丢失信息。

【例 12-6】使用刷机精灵备份手机数据。

step 1 启动刷机精灵软件，使用数据线连接手机和计算机，打开手机上的【USB 调试】，自动开始下载驱动并开始连接手机。

step 2 连接成功后，首页界面显示手机信息等设置。

step 3 选择【其他】选项卡，单击【资料备份】按钮。

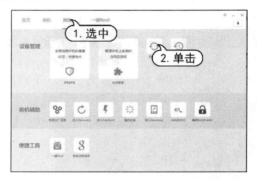

step 4 打开【超级备份】对话框，等待软件进行连接。

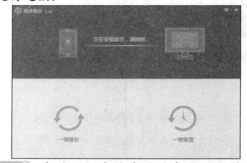

step 5 在对话框中选中需要备份的文件对应的复选框，单击【一键备份】按钮。

step⑥ 在对话框中显示备份成功，单击【关闭】按钮。

12.6.2　还原手机数据

备份完资料后，即可利用备份软件，还原所备份的资料。

首先选择【其他】选项卡，单击【资料还原】按钮。

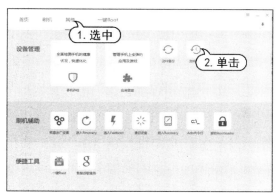

打开【超级备份】对话框，显示备份选项，单击【下一步】按钮。

选中需要恢复的文件对应的复选框，单击【一键恢复】按钮，恢复成功后单击【关闭】按钮。

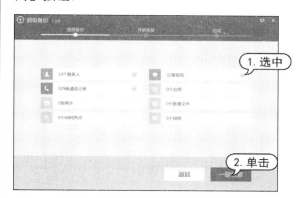

12.6.3　手机刷机

刷机可以改变手机原有的一些设置，包括系统、界面等，让自己的手机变得更适合自己，也可以解决手机的一些问题，但是刷机常常伴随着风险。

刷机方式主要分两种：一种是使用软件下载 ROM 包一键在线刷机；另一种是把 ROM 包复制到手机里面然后进入 recovery 模式进行刷机。

例如给安卓手机刷机，首先在刷机精灵【刷机】选项卡中单击【选择本地 ROM 包】按钮。

打开【打开】对话框,选择刷机 ROM 包,单击【打开】按钮。

然后在【刷机】选项卡中单击【刷机】按钮开始进行刷机,显示刷机进度。

12.7 手机常用 APP

随着智能手机的普及,人们在沟通、社交、娱乐等活动中越来越依赖于手机 APP 软件 (APP,英文 Application 的简称,即应用软件,通常是指 iPhone、安卓等手机应用软件)。

12.7.1 安装手机 APP

根据手机 APP 安装来源的不同,可分为手机预装软件和用户自己安装的第三方应用软件。手机预装软件一般指手机出厂自带、或第三方刷机渠道预装到消费者手机当中,且消费者无法自行删除的应用或软件。除了手机预装软件之外,还有用户从手机应用市场自己下载安装的第三方手机 APP 应用,下载类型主要集中在社交社区类软件。

考虑到手机安全问题,安装手机 APP 需要注意以下几点。

➤ 安装可靠的手机安全防护软件,定期升级,以提升信息安全性。

➤ 尽量选择从手机软件的官方网站、信誉良好的第三方应用商店等正规渠道下载 APP,不要轻易点击 APP 中的弹出广告和各种不明链接,不扫描来源不明的二维码。

➤ 通过安全应用查杀手机木马、管理 APP 权限,阻止 APP 收集隐私。

➤ 养成及时关闭后台应用程序的习惯、关闭自动更新,使用手动更新、删除或减少耗电量高的预装软件。

➤ 现在许多经过手机厂商改进过的 ROM 都十分贴心,一般安装完某个 APP 后会提醒是否删除安装包，如果没有其他用途了就可以立即删除，如果手机没有此项功能，也可手动删除。

➤ 现在的手机一般都有无须 Root 就可以使用内置的权限管理工具进行管理。注意禁止一些应用的开机启动等权限。如果没有内置此类工具，也可以手动 Root。

市面上的智能手机一般都带有市场商店应用软件，可以直接打开市场商店软件，搜索想要的 APP。

step 1 在手机屏幕上找到【应用商店】图标，触摸单击打开。

step 2 触摸单击搜索框，输入要找的 APP 名称，例如输入"美团"，单击【搜索】按钮，查找出相关软件，选择第一个 APP，单击【下载】按钮。

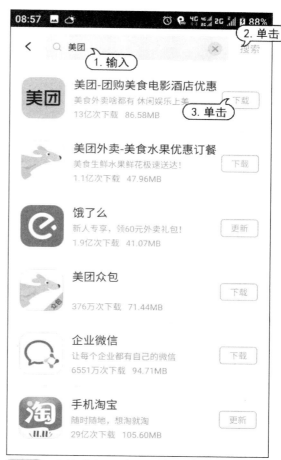

step 3 开始进行下载，下载完毕后将会自动安装。

step 4 安装完毕后，单击软件后面的【打开】按钮。

step 5 此时打开【美团】App,用户可以使用它搜索或网上预购美食、电影、住宿等项目。

12.7.2　了解常用 APP

移动互联网发展的速度超乎寻常,各种类型的 APP 层出不穷,极大地丰富和方便了我们的生活。一般来说,用户的手机里面少说也有几十个 APP,多的一两百也不足为奇,在中国根据网络调查,使用人数最多的几款 APP 依次是微信、QQ、手机淘宝、支付宝、搜狗输入法、微博、爱奇艺、腾讯视频、百度和高德地图等。

1. 微信和 QQ

微信和 QQ 是现在移动互联网聊天的主要工具,刷朋友圈也成为我们的日常行为。和 PC 版的微信和 QQ 相比,手机移动版的微信和 QQ 使用更加快捷方便。

微信打开后的界面如下图所示,在微信界面的最下面,分别有【我】【发现】【通讯录】【微信】等功能按钮。

单击【我】后,打开的界面上的【支付】选项,是我们平时在接收他人发送的红包或者转账给你的钱时,钱就会自动存在钱包里面的【零钱】里,另外生活缴费等功能也在

【支付】里。【相册】是用来发送朋友圈的，也就是可以把自己喜欢的照片、视频、图片等通过相册发送到朋友圈里。【设置】功能就是有关微信使用功能的设置。

单击【发现】，主要是显示朋友圈的功能，也就是你的所有好友发送的照片、视频、信息等，通过朋友圈就可以看到。【通讯录】就是你所有微信好友的通讯录，可以通过对方的手机号和微信号来添加好友。【微信】就是你接收到好友发送信息的提示，和你给好友发送的信息。下图所示为朋友圈里的内容。

手机上的 QQ 使用方法也和微信相似，其打开界面如下图所示。在 QQ 界面的最下面，分别有【消息】【联系人】【看点】【动态】等功能按钮。

【消息】就是你接收到好友发送信息的提示，和你为好友发送的信息。【联系人】就是你所有 QQ 好友和群的号码。【看点】可以浏览最新的网络新闻等消息。【动态】主要用于观看好友动态等信息。

2. 手机淘宝和支付宝

手机淘宝是淘宝网官方出品的手机应用软件，整合旗下团购产品天猫、聚划算、淘宝商城为一体。具有搜索比价、订单查询、购买、收藏、管理、导航等功能。

手机淘宝界面包含了【淘】【微淘】【消息】【购物车】【我的淘宝】等选项界面，选择各自的选项卡进入需要的界面中进行操作，如下图所示。

【购物车】是用户在淘宝里放入购物车的未购商品列表。【消息】主要是淘宝收发货的信息,【我的淘宝】显示购买过的商品及店铺信息,以及淘宝相关设置。【微淘】主要提供购买过或关注商店上新商品的信息。

支付宝是国内的淘宝网推出的第三方支付平台,致力于提供"简单、安全、快速"的支付解决方案,成为金融机构在电子支付领域最为信任的合作伙伴。

支付宝已发展成为融合了支付、生活服务、政务服务、社交、理财、保险、公益等多个场景与行业的开放性平台。除提供便捷的支付、转账、收款等基础功能外,还能快速完成信用卡还款、充话费、缴水电煤费等功能。

手机支付宝界面包含了【首页】【财富】【口碑】【朋友】【我的】等选项界面,如右上图所示。

如果商家出示二维码收款,可以用【扫一扫】扫描二维码进行付款。如果别人付款给自己,则需要对方扫描自己的支付宝中【收钱】界面中的二维码。

3. 爱奇艺等网络视频 APP

爱奇艺手机版为用户提供电影、电视剧、综艺、动漫、娱乐、热点资讯等内容,视频播放清晰流畅,操作界面简单友好。

腾讯视频手机版是在线视频平台，拥有流行内容和专业的媒体运营能力，是聚合热播影视、综艺娱乐、体育赛事、新闻资讯等为一体的综合视频内容平台，并通过移动端为用户提供高清流畅的视频娱乐。

哔哩哔哩(英文名称：bilibili，简称 B 站)现为国内领先的年轻人文化社区，B 站的特色是悬浮于视频上方的实时评论功能，爱好者称其为"弹幕"，让 B 站成为极具互动分享和二次创造的文化社区。

4. 拍照和修图 APP

越来越多的人使用手机拍照，随着智能手机的发展，很多功能强大的 APP 应运而生，可以满足用来拍照、后期、录制视频等需求。

Camera FV-5 是安卓系统中最好用的拍摄类软件之一，甚至很多人用它代替系统自带相机。打开这款软件，各种参数就会出现在手机屏幕上，除了常规的光圈、快门、ISO、曝光补偿等基本信息外，值得一提的是该软件还提供了直方图信息，这可以在很大程度上帮助用户判断图片是否曝光正确。当然软件中的所有参数都可以手动调节，对普通用户或摄影爱好者来说，这款 APP 都已经足够强大。

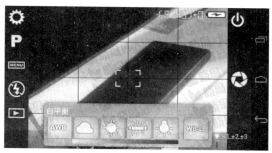

VSCO 是一款功能强大的摄影 APP，包含了相机拍照、照片编辑和照片分享三大功能。VSCO 的亮点就在于它的后期滤镜效果，VSCO 依然保持了简单的使用方式，可以利用 VSCO 包含的强大的手动控制功能的相机进行拍摄，也可以利用 VSCO 内数量众多的胶片滤镜、照片基础调整工具对照片进

行处理，创造出令人着迷、胶片味道十足的手机摄影作品。

大的功能，集曝光调整、裁剪、锐化和各类风格滤镜于一身。

Snapseed 是一款功能非常强大的手机修图 APP，目前很多摄影师在使用手机拍摄后都将该软件作为手机后期的首选。Snapseed 最吸引人的地方在于其简单的操作界面和强

12.8　案例演练

本章的案例演练为使用刷机精灵 Root 手机和使用 PP 助手安装软件综合实例操作，用户通过练习从而巩固本章所学知识。

12.8.1　使用刷机精灵 Root 手机

安卓手机的 Root 即为获取最高的权限，Root 之后就变成了一个开发者的身份，可以深入地编辑手机了。

【例 12-7】使用刷机精灵 Root 安卓手机。

step 1 启动刷机精灵软件,选择【一键 Root】选项卡，单击【一键 Root】按钮。

step 2 打开【Root 精灵】对话框，单击【立即进入】按钮。

step 3 检测到手机尚未获取 Root 权限，单击【一键安全 Root】按钮。

step 4 软件开始连接手机，自动进行 Root，手机也自动进行重启和运行 Root 的过程。稍等片刻即可完成 Root，完成获取 Root 权限，单击【返回】按钮。

step 5 返回首页界面，显示手机【已有 ROOT 权限】信息。

12.8.2　使用 PP 助手安装软件

【例 12-8】使用 PP 助手安装手机软件。

step 1 启动 PP 助手，手机设备与计算机连接成功后，在【我的设备】选项卡中显示连接的手机信息。

step 2 单击【找应用】标签，在【精品推荐】选项卡中，可以查看 PP 助手推荐安装的软件。选择需要安装的软件，然后单击软件下面的【安装】按钮。

step 3 此时开始下载软件，单击右上角的 ① 按钮，打开【下载中心】窗口，显示下载进

度并在下载完成后自动安装(在手机中需要点击接受安装的提示)。

step 4 单击【我的设备】标签，选择【我的应用】选项卡，显示新安装的【美团】手机软件。

step 5 选择【可更新】选项卡，选中可以更新的软件，然后单击后面的【更新】按钮。

step 6 更新文件完成后，在【我的应用】选项卡中显示新更新的软件。